生命科学系列丛书

甜菜响应逆境蛋白质组学研究

王宇光　著

黑龙江大学出版社
HEILONGJIANG UNIVERSITY PRESS
哈尔滨

图书在版编目（CIP）数据

甜菜响应逆境蛋白质组学研究 / 王宇光著 . -- 哈尔
滨 ： 黑龙江大学出版社，2021.12
ISBN 978-7-5686-0673-8

Ⅰ．①甜⋯ Ⅱ．①王⋯ Ⅲ．①甜菜－蛋白质－基因组
－研究 Ⅳ．① Q949.745.1

中国版本图书馆 CIP 数据核字（2021）第 152810 号

甜菜响应逆境蛋白质组学研究
TIANCAI XIANGYING NIJING DANBAIZHIZUXUE YANJIU
王宇光　著

责任编辑　于　丹
出版发行　黑龙江大学出版社
地　　址　哈尔滨市南岗区学府三道街 36 号
印　　刷　哈尔滨市石桥印务有限公司
开　　本　720 毫米 ×1000 毫米　1/16
印　　张　14
字　　数　222 千
版　　次　2021 年 12 月第 1 版
印　　次　2021 年 12 月第 1 次印刷
书　　号　ISBN 978-7-5686-0673-8
定　　价　45.00 元

目　　录

第二篇　甜菜响应低温胁迫的生理机制与蛋白质组学分析 …… 69

第一篇

甜菜响应酸碱胁迫的生理机制与蛋白质组学分析

1　相关研究

1.1　土壤酸碱性主要成因及分布

植物的整个生长发育过程离不开土壤,植物的生长发育情况与土壤质地结构有着密切关系。土壤中酸碱物质的多少决定着土壤的酸碱度。酸性物质主要来源于 CO_2 溶于水形成的碳酸、有机质分解产生的有机酸、氧化作用产生的无机酸以及施肥加入的酸性物质;碱性物质主要来源于土壤中的 Na_2CO_3、$CaCO_3$ 以及交换性 Na^+ 等盐类物质的水解作用。土壤过酸或过碱,不但会影响植物根系正常生长,还会影响植物生长的环境,从而影响到整个植株的正常生长发育。pH 值是最常用的分析测量土壤酸碱度的指标之一,在一定程度上反映着土壤的物理化学性质、矿物质成分和土壤孔隙中溶液含量的关系。土壤呈酸碱性主要是因为土壤中存在少量的 H^+ 和 OH^-:当 OH^- 的浓度高于 H^+ 的浓度时,土壤呈碱性;H^+ 的浓度高于 OH^- 的浓度时,土壤呈酸性;两者相等时呈中性。根据 pH 值的大小土壤酸碱性可分 7 级:pH < 4.5 时土壤呈强酸性,pH = 4.5~5.5 时土壤呈酸性,pH = 5.5~6.5 时土壤呈弱酸性,pH = 6.5~7.5 时土壤呈中性,pH = 7.5~8.5 时土壤呈弱碱性,pH = 8.5~9.5 时土壤呈碱性,pH > 9.5 时土壤呈强碱性。

酸性或碱性土壤覆盖了世界上大部分地区。一般来说,土壤呈酸性或碱性的原因有地理、地质、生物、气候以及人类活动等。在降雨量少的地区,土壤浸出通常不足以完全除去土壤剖面上的盐分,这些地区的土壤通常含有碳酸盐或碳酸氢盐离子,随着干旱程度的增加,这些碱性物质以及与之相关的钠盐和石膏盐会越来越靠近土壤表面,使土壤呈碱性。显著酸化的土壤往往在年降雨量高的热带地带或者北半球的高纬度地区,强烈风化、有效降雨和酸性有机物质的积累使土壤酸化。地球上的土壤以中性为主,pH 值范围在6~8 之间。

1.2　土壤酸碱性对土壤环境的影响

1.2.1　土壤物理结构变化

土壤过酸或过碱会使土壤的物理化学性质改变,影响土壤肥力特征,从而影响植物的整个生长发育过程。酸性较强的土壤中含有较多的 H^+,而 Ca^{2+} 较少,所以酸性较强的土壤不易形成利于植物根系生长的土壤结构体,也会导致龟裂、土壤密度增加、保水能力降低,进而影响土壤的抗旱能力。而碱性较强的土壤中有机质含量缺乏,土壤板结、通气不良,容易造成水土流失。

1.2.2　营养元素大量流失

土壤 pH 值对土壤营养元素的有效性有重要影响,大多数营养元素在土壤中性条件下(pH = 6.5 ~ 7.5)的可利用率最高。研究表明,酸性土壤中的正电荷增加,钙、镁、钾、锰、铜、锌、铁处于与土壤交换状态,与土壤的结合能力随 pH 值的降低而降低。pH 值高于 7.5 的土壤被认为是弱碱性或碱性土壤,缺乏磷、锌、铁,偶尔也缺乏钙、钾、镁。研究也证实,碱性土壤环境加强土壤对 K^+ 的固定,从而使钾的有效性降低,微量元素铁、锌、铜、硼也随着土壤 pH 值的增加而减少。在碱性土壤中,氮是最具有限制性的营养元素。由于许多宏观和微量营养元素的浓度较低,酸性土壤和碱性土壤养分贫乏、肥力水平下降。

1.2.3　抑制土壤微生物和酶活性

土壤微生物只有在特定的 pH 值范围内才能正常生长,每种微生物都有适合自己生存的 pH 值范围和最适的 pH 值,在最适范围内土壤中的酶活性最高。当 pH 值低于最适范围的最低 pH 值或高于最适范围的最高 pH 值时,土壤微生物很难生存。微生物正常生长的 pH 值范围很广,但通常在中性时微生物生长较稳定。过酸或过碱的土壤环境中,土壤微生物的生长、活动和种群数量都会受到抑制,从而影响土壤有机质含量以及碳、氮、磷、硫的分解和循环。王涵等人发现,碱性土壤中的转化酶活性受到抑制。土壤 pH 值对微生物的数量变化影响很大,酸性土壤中的真菌活动旺盛,数量较多,而中性和碱性土壤中细菌和放线菌能够良好生长,数量较多。Staddon 等人发现土壤微生物功能的多样性与土壤 pH 值相关。

1.2.4　离子的毒害作用

酸性土壤易出现离子毒性。铝元素的毒性作用是酸性土壤影响植物生长和产量的关键因素之一。近年来,全球土壤的进一步酸化加剧了铝胁迫的危害。具有多价金属离子,二价金属阳离子比单价金属阳离子更容易降低土壤 pH 值。pH 值较低时,铝、铁、锰离子大量释放,这对大多数植物具有毒性作用。研究表明,酸性土壤中的有机络合态铝容易活化成游离态铝离子,导致活性铝的含量升高,随着土壤 pH 值越来越低,活性铝含量急剧升高。土壤中铝元素含量过高对植物生长有很大的影响,如伤害根尖结构、抑制根系的吸收能力、影响根系生长,还能够影响植物的光合作用,导致叶绿体结构紊乱,使植物生长和产量受到严重影响。宫家珺等人研究表明土壤铝含量在 100~300 mg/kg 时,紫花苜蓿的根系活力和光化学效率受到严重抑制。此外,铁离子的浸出量在土壤酸化过程中也会增加,活性铁、铝等离子体和磷酸盐形成难溶性沉淀,降低了土壤中有效磷的活性。随着 pH 值的降低,锰、铬和镉的溶解度升高。谢思琴等人在模拟酸雨条件下研究土壤中铜、镉的含量,发现滤液中铜和镉的含量随着滤液酸度的提高明显升高,当 pH < 4.0 时,滤液中铜和镉的含量升高更为明显。余

涛等人的研究结果表明,随着土壤 pH 值的降低,离子交换态铅含量升高。土壤中重金属含量的升高会影响植物的正常生长,特别是耕地中的重金属污染会导致重金属进入作物,间接危害人类或动物的健康。

1.3　土壤酸碱性对植物的影响

1.3.1　对植物生长的影响

土壤酸碱性对植物生长有一定的影响,如:pH = 6.5 时,水稻种子的发芽率达到最高;pH = 6 ~ 7 时,水稻种子的发芽率受到的影响不显著;当 pH < 5 或 pH > 8 时,种子发芽率明显降低。当 pH > 9.4 时,肯塔基草地早熟禾草坪的质量和生长量明显降低。随着土壤 pH 值下降,蓝莓长势变弱,主要表现在株高、基生枝长、延生枝长、枝条粗度及叶重等方面。

1.3.2　对抗氧化酶活性的影响

当 pH < 6 或 pH > 8 时,百合叶片中的 SOD 活性和细胞膜透性增加;脯氨酸含量升高;CAT、POD、SOD 活性随着土壤 pH 值的上升而增加;丙二醛含量在 pH = 4.5 ~ 6.5 时表现出升高的趋势,pH = 7.5 ~ 8.5 时表现出下降的趋势,pH = 8.5 时丙二醛含量达到最低。在同一生育期内,随着 pH 值的升高,烤烟叶片内 SOD 活性下降,丙二醛含量升高。脂松苗木针叶在 pH = 5.5 时相对电导率最低,即细胞膜损伤程度最轻,SOD 和 CAT 活性均在 pH = 5.5 时最高、pH = 7.5 和 pH = 8.0 时最低,POD 活性在 pH = 5.5 时最低,且与 pH = 7.5 和 pH = 8.0 时差异显著。

1.3.3　对渗透调节物质的影响

pH < 6 或 pH > 8 时,朝鲜百合可溶性糖含量和可溶性蛋白含量降低,导致植株死亡。在碱胁迫下肯塔基草地早熟禾可溶性蛋白在芽中没有变化,但随着 pH 值的升高根中的可溶性蛋白含量下降,蔗糖含量较高,而果糖和葡萄糖含量较低。pH < 5.5 或 pH > 6.5 时,喜树幼苗叶片游离脯氨酸含量会明显上升。毛枝五针松松针脯氨酸含量在 pH = 7.69 和 pH = 8.42 时最高。

1.3.4　对光合特性的影响

pH < 6 或 pH > 8 时,朝鲜百合的叶绿素含量升高。pH < 6 或 pH > 8 时,蓝莓叶片的叶绿素含量和净光合速率随 pH 值的升高表现为先增加后降低的趋势,胞间 CO_2 浓度表现为先降低后升高的趋势,且在 pH = 4.75 时达到最佳值, pH 值对气孔导度和蒸腾速率的影响不明显,最大荧光、可变荧光、PS Ⅱ 最大光化学量子效率、实际光化学量子效率随 pH 值的升高呈先升高后降低的趋势,初始荧光则呈现出先降低后升高的趋势。碱胁迫下小麦净光合速率、气孔导度和蒸腾速率随 pH 值的升高而急剧下降。喜树幼苗叶片的叶绿素 a、叶绿素 b 含量均为 pH = 5.5 ~ 6.5 时最高。脂松苗木类胡萝卜素含量在 pH = 5.5 时最高。

1.3.5　对离子平衡的影响

碱胁迫导致小麦地上部分的 Na^+ 含量和 Na^+/K^+ 升高,地上部分的 K^+ 含量下降。碱胁迫导致沙棘叶片和茎中的 Na^+ 含量升高,对叶、茎中的 K^+ 含量无影响。

1.4　蛋白质组学研究进展

蛋白质组学(proteome)是研究细胞、组织或生物体中存在的总蛋白的学科,研究内容包括蛋白质在自身生命周期内或外界胁迫刺激下的表达、结构、功能、相互作用和修饰的变化等。蛋白质的定量技术包括十二烷基硫酸钠聚丙烯酰胺凝胶电泳(SDS – PAGE)、二维凝胶电泳(2 – DE)、二维差异凝胶电泳(2D – DIGE)、同位素编码亲和标签标记(ICAT)、细胞培养物中氨基酸的稳定同位素标记技术(SILAC)、可溶性聚合物同位素技术(SoPIL)、同位素亲和标签技术(ICAT)、同位素相对和绝对定量技术(iTRAQ)等。

研究人员使用基于无标签和串联质谱标签(TMT)的定量蛋白质组学方法分析了两个具有相反的遗传背景和耐旱水平的水稻品种 IAC1131 和 Nipponbare,发现干旱耐受性与光合作用机制的减少和 ClpD1 蛋白酶的增加有关。Dong 等人基于 TMT 的定量蛋白质组学方法分析揭示了地衣芽孢杆菌对高生长温度的响应,鉴定出 21 种差异表达蛋白,其参与蛋白质复性、氨基酸和脂肪酸代谢等生物过程。秦晓梅利用 TMT 技术比较酸胁迫和铝胁迫下的拟南芥根的蛋白质组。酸胁迫下鉴定到 345 个响应蛋白,其中 231 个上调表达,114 个下调表达;铝胁迫下鉴定到 509 个响应蛋白,其中 382 个上调表达,127 个下调表达;同时响应低 pH 值和铝胁迫的蛋白质有 196 个。酸胁迫和铝胁迫均可激活细胞内的能量代谢、蛋白质代谢、信号传导、抗氧化及 DNA 修复等途径。祁忠达采用 TMT 技术研究水稻根尖组织响应汞胁迫的显著差异表达蛋白,共鉴定到 364 种差异表达蛋白,其中 258 种上调表达,106 种下调表达,发现 12 种蛋白质与汞胁迫响应密切。

目前,关于酸碱胁迫对甜菜生长发育的影响以及生理机制鲜见报道。本书采用 H_2SO_4、Na_2CO_3 将基质土调节至pH = 5~5.2(酸性)、pH = 7.3~7.5(中性)和 pH = 9.3~9.5(碱性),选用甜菜 H004 品种,培养 30 天,研究酸碱性土壤对甜菜生理生化特性以及蛋白质差异的变化影响,旨在探索适合甜菜生长的土壤酸碱条件,为甜菜生产提供理论指导。

2　材料与方法

2.1　试验材料

本试验选用甜菜 H004 品种。采用盆栽的方式,盆土基质土选用黑土(理化性质见表 1 - 2 - 1)、沙和蛭石(比例为 3∶1∶1),pH = 7.5。采用 H_2SO_4、Na_2CO_3 调节 pH = 5 ~ 5.2(酸性)、pH = 7.3 ~ 7.5(中性)和 pH = 9.3 ~ 9.5(碱性),另外用 NaCl 和 Na_2SO_4 调节,使每个处理土壤 Na^+ 含量均为 50 mmol/kg。每个处理设 8 次重复。栽培容器为塑料盆(上沿口直径 12 cm,下沿口直径 8.5 cm,高 10.5 cm),每盆统一装入 650 g 基质土,均匀放入 16 粒经过消毒处理的种子,再用 150 g 基质土覆盖。

表 1 - 2 - 1　供试土壤理化性质

	pH	无机氮/ $(mg \cdot kg^{-1})$	速效磷/ $(mg \cdot kg^{-1})$	速效钾/ $(mg \cdot kg^{-1})$	铜/ $(mg \cdot kg^{-1})$	锰/ $(mg \cdot kg^{-1})$
黑土	7.5	36.925	28.96	128.04	1.38	0.423

	锌/ $(mg \cdot kg^{-1})$	铁/ $(mg \cdot kg^{-1})$	镁/ $(mg \cdot kg^{-1})$	钙/ $(mg \cdot kg^{-1})$	有机质/%
黑土	4.76	14.91	404.6	804.40	3.84

2.2　试验方法

2.2.1　培养条件

各处理每天定时浇不同 pH 值的水,保持土壤湿度一致,定时移换各盆的位置,保持光照一致。种植期间每个处理均浇 2 次 5 倍的霍格兰营养液。播种 15 天后进行间苗,每盆保留长势一致的 4 株,继续培养 15 天后收获。光照培养室条件:14 h/10 h(光照/黑暗),(25 ± 1) ℃/(20 ± 1) ℃(光照/黑暗),相对湿度 60% ~ 70%。

2.2.2　甜菜生长及形态指标测定

在甜菜发芽期间进行观察,记录甜菜发芽率。

株高测定:从最长甜菜叶顶端所在的水平面到子叶基部所在水平面的垂直距离即为株高,从每个处理中随机抽取 10 株植物测定。

鲜重测定:用剪刀将甜菜从地上部根茎处剪断。地上部分直接用分析天平称量质量,分别测定叶、茎鲜重;将根部轻轻从盆中取出,冲净泥土并用纸将水吸干,用分析天平称量根部质量,即为根部鲜重。

干重测定:部分收获,105 ℃杀青 30 min,70 ℃烘干至恒重。

叶面积和根系面积测定:扫描甜菜叶片和根系,采用 WinRHIZO 软件进行分析。

2.2.3　甜菜叶片光合生理指标测定

2.2.3.1　甜菜叶片中叶绿素含量测定

称取每个处理的新鲜叶片 0.5 g,放入预冷的研钵中,加入 5 mL 纯丙酮研磨后倒进 15 mL 离心管,再加入 3 mL 80% 丙酮冲洗,4 000 r/min 离心 15 min,将上清液移至其他离心管。吸取 1 mL 上清液加入 4 mL 80% 丙酮,分别于 645 nm 处和 663 nm 处测定溶液的吸光值。

$$叶绿素 a 含量 = (OD_{663} \times 12.7 + OD_{645} \times 2.68) \times 0.025 / m_{样品}$$

$$叶绿素 b 含量 = (OD_{645} \times 22.9 + OD_{663} \times 4.68) \times 0.025 / m_{样品}$$

2.2.3.2　甜菜叶片光合指标测定

于 9:30~11:00 测定自然条件下甜菜叶片蒸腾速率、气孔导度、净光合速率和细胞间 CO_2 浓度。选取顶端第二对真叶进行测定,每个处理随机选取 3 株重复。

2.2.4　甜菜叶片和根中丙二醛含量及抗氧化酶活性测定

PBS 缓冲液贮备液 A:0.2 mol/L NaH_2PO_4($NaH_2PO_4 \cdot 2H_2O$ 15.6 g 溶于 500 mL)。

PBS 缓冲液贮备液 B:0.2 mol/L $Na_2HPO_4 \cdot 7H_2O$($Na_2HPO_4 \cdot 7H_2O$ 53.65 g 溶于 1 000 mL)。

称取每个处理的新鲜叶片(或根)0.2 g,加入 3 mL 50 mmol/L 的 PBS 缓冲液(加 2% 聚乙烯吡咯烷酮 -40 和 2 mmol/L 抗坏血酸),放入预冷的研钵中,研磨后倒入 50 mL 离心管。15 000×g 离心 20 min。上清液即为酶提取液。

2.2.4.1　甜菜叶片和根中 CAT 活性测定

取上清液 125 μL,加入 0.1 mmol/L 乙二胺四乙酸二钠溶液 1.575 mL、100 mmol/L H_2O_2 溶液 0.3 mL,于 240 nm 处测定 0 min 及 3 min 的吸光值。

$$CAT 活性 = (OD_0 - OD_3)/3 \times 3 000/(4 \times 0.1 \times m_{样品} \times 100)$$

2.2.4.2　甜菜叶片和根中 POD 活性测定

取上清液 15 μL,加入 0.1 mmol/L 乙二胺四乙酸二钠溶液 1.885 mL、1% 愈创木酚 50 μL、20 mmol/L H_2O_2 溶液 50 μL。在 470 nm 处测定 0 min 及 3 min 的吸光值。

$$POD 活性 = (OD_0 - OD_3)/3 \times 3\ 000/(4 \times 0.1 \times m_{样品} \times 100)$$

2.2.4.3 甜菜叶片和根中 APX 活性测定

取上清液 100 μL,加入 0.1 mmol/L 乙二胺四乙酸二钠溶液 1.7 mL、5 mmol/L 抗坏血酸 100 μL、20 mmol/L H_2O_2 溶液 100 μL。在 290 nm 处测定吸光值,测定 0~3 min 内的多个 10 s 的吸光值变化值,取最稳定的数个变化值的平均值($\Delta OD_{10\ s}$)。

$$APX 活性 = (\Delta OD_{10\ s} \times 1\ 000 \times 60)/(2.8 \times 100 \times 10)$$

2.2.4.4 甜菜叶片和根中 SOD 活性测定

取上清液 50 μL,加入 3 mL NBT 反应液(含 13 mmol/L 甲硫氨酸、63 μmol/L 氮蓝四唑和 1.3 μmol/L 核黄素),同时设置两个空白对照,其中一个空白对照置于避光处,其余试样及空白对照在光照强度为 7 μmol/($m^2 \cdot s$)的环境下光照 20 min。在 560 nm 处测定吸光值,用避光空白管调零。

$$SOD 活性 = (OD_{光照空白} - OD_{样品}) \times 3 \times 1\ 000/(OD_{光照空白} \times 50 \times 20 \times 0.5 \times m_{样品})$$

2.2.4.5 甜菜叶片和根中丙二醛含量测定

取上清液 2 mL,加入 2 mL 0.5% 硫代巴比妥酸(含有 10% 三氯乙酸),100 ℃ 水浴 30 min。4 000 ×g 离心 10 min,分别在 450 nm、532 nm 和 600 nm 处测定吸光值。

$$丙二醛含量 = [6.45 \times (OD_{532} - OD_{600}) - 0.56 \times OD_{450}] \times 2 \times 5/m_{样品}$$

2.2.5 甜菜叶片和根中渗透调节物质含量测定

2.2.5.1 甜菜叶片和根中还原糖含量测定

称取每个处理的新鲜叶片(或根)2 g,加入 10 mL 蒸馏水,在预冷的研钵中研磨,倒入离心管,吸取 2 mL 上清液加入 25 mL 试管中,加入 1.5 mL 3,5 - 二硝基水杨酸,沸水浴 5 min,定容至 25 mL,在 540 nm 处测定吸光值。

$$还原糖 = (线性回归值 \times 提取液体积/显色时取用体积)/m_{样品}$$

$$\times 1\ 000 \times 100\%$$

2.2.5.2　甜菜叶片和根中脯氨酸含量测定

称取每个处理的新鲜叶片(或根)0.5 g加到试管中,分别加入5 mL 3%磺基水杨酸溶液,沸水浴10 min后过滤,滤液即为脯氨酸的待测液。吸取2 mL提取液,加入2 mL乙酸和2 mL酸性茚三酮试剂,沸水浴30 min。冷却后加入4 mL甲苯,静置片刻,将上层液加至离心管中,3 000×g离心5 min。在520 nm处测定吸光值。

$$脯氨酸含量 = (线性回归值 \times V_{待测液}) / (m_{样品} \times V_{上层液}) \times 100\%$$

2.2.5.3　甜菜叶片和根中游离氨基酸含量测定

称取每个处理的新鲜叶片(或根)0.5 g,加入5 mL 10%乙酸在研钵中研磨后离心,上清液即为待测液。吸取1 mL上清液,加1 mL蒸馏水,沸水中加热15 min,冷却后在570 nm波长测定吸光值。

$$游离氨基酸含量 =$$
$$(线性回归值 \times 提取液体积/测定时取样体积)/m_{样品} \times 1\ 000$$

2.2.5.4　甜菜叶片和根中可溶性蛋白含量测定

称取每个处理的新鲜叶片(或根)0.5 g,加入去离子水4.5 mL研磨,3 000×g离心5 min,上清液即为待测样品。吸取1 mL上清液,用考马斯亮蓝定容至5 mL,用考马斯亮蓝染色,在595 nm处测定吸光值。

$$可溶性蛋白含量 = (OD_{样品} - OD_{空白})/(OD_{标准} - OD_{空白}) \times$$
$$标准品浓度 \times 5 \times (4.5 + m_{样品})$$

2.2.6　甜菜叶片中激素含量测定

2.2.6.1　样品中激素提取

称取0.2~1.0 g新鲜植物材料(若取样后材料不能马上测定,用液氮速冻0.5 h后,保存在 -20 ℃),加2 mL样品提取液,在冰浴下研磨成匀浆,转入

10 mL试管,再用 2 mL 提取液分次将研钵冲洗干净,一并转入试管中,摇匀后放置在 4 ℃中。4 ℃下提取 4 h,3 500 r/min 离心 8 min,取上清液。沉淀中加 1 mL提取液,搅匀,置 4 ℃下再提取 1 h,离心,合并上清液并记录体积,残渣弃去。上清液过 C18 固相萃取柱。具体步骤是:80% 甲醇(1 mL)平衡柱→上样→收集样品→移开样品后用 100% 甲醇(5 mL)洗柱→100% 乙醚(5 mL)洗柱→100% 甲醇(5 mL)洗柱→循环。将过柱后的样品转入 10 mL 塑料离心管中,真空浓缩干燥或用氮气吹干,除去提取液中的甲醇,用样品稀释液定容(一般 1 g 鲜重用 2 mL 左右样品稀释液定容,测定不同激素时还要稀释适当的倍数再加样)。

2.2.6.2　样品测定

加标准样品及待测样品:取适量标准样品用样品稀释液(稀释倍数见标签)配成。IAA,ABA 标准曲线的最大浓度为 50 ng/mL,GA_3 的最大浓度为 10 ng/mL。然后再依次 2 倍稀释 8 个浓度(包括 0 ng/mL)。将系列标准样品加入 96 孔酶标板的前两行,每个浓度加 2 孔,每孔 50 μL,其余孔加待测样品,每个样品重复 2 孔,每孔 50 μL。

加抗体:在 5 mL 样品稀释液中加入一定量的抗体(稀释倍数见试剂盒标签,如稀释倍数是 1∶2 000 加 2.5 μL 抗体),混匀后每孔加 50 μL,然后将酶标板放入湿盒内开始竞争。

竞争条件为 37 ℃、0.5 h。

将反应液甩干并在报纸上拍净。第一次加入洗涤液后要立即甩干。然后接着加第二次。共洗涤 4 次,称为洗板。

将适当的酶标二抗加入 10 mL 样品稀释液(比如稀释倍数为 1∶1 000 就加 10 μL 抗体),混匀后,在酶标板每孔加 100 μL,然后将其放入湿盒内,置37 ℃下,温育 0.5 h。

洗板方法同竞争之后的洗板。

称取 10~20 mg 邻苯二胺(OPD)溶于 10 mL 底物缓冲液(勿用手接触 OPD),完全溶解后加 4 μL 30% H_2O_2 混匀(显色液要现用现配),在每孔中加 100 μL,然后放入湿盒内,当显色适当(肉眼能看出标准曲线有颜色梯度,且标准样品最大浓度孔颜色还较浅)后,每孔加入 50 μL 2 mol/L H_2SO_4 终止反应。

在酶联免疫分光光度计上依次测定各浓度标准样品和各待测样品 490 nm 处的吸光值。

2.2.7　蛋白质组学分析

2.2.7.1　样本处理

用流动水源对甜菜植株幼苗进行清洗,于冰上分剪幼苗根、叶组织作为样本,迅速分装,用锡纸包好放入液氮罐中保存,其他组织迅速转入 −80 ℃保存。

2.2.7.2　蛋白质提取方法

将适量甜菜叶片和根样品放到预冷的研钵中研磨,倒入 5 mL 离心管中,加入 BPP 溶液,4 ℃ 条件下振荡 10 min,加入等体积 Tris−饱和酚,4 ℃ 条件下振荡 10 min,4 ℃、12 000 ×g 离心 20 min 后将酚相取出,加入 BPP 溶液,4 ℃ 条件下振荡 10 min;4 ℃、12 000 ×g 离心 20 min 后将酚相取出,加入乙酸铵甲醇溶液,−20 ℃过夜沉淀;第二天 4 ℃、12 000 ×g 离心 20 min,向沉淀中加入 90% 预冷丙酮混匀后离心,重复 2 次;沉淀用蛋白裂解液溶解;冰上超声 2 min;4 ℃、12 000 ×g 离心 20 min,取上清液,BCA 定量,进行 SDS−PAGE。

2.2.7.3　还原烷基化和酶解

将 100 μg 蛋白质样品用裂解液补充至 90 μL,加入 TEAB,终浓度为 100 mmol/L;加入 TCEP(终浓度为 10 mmol/L),37 ℃ 条件下反应 60 min;加入碘乙酰胺(终浓度 40 mmol/L)避光反应 40 min;各管加入预冷的丙酮(丙酮: 蛋白质 =6∶1),在 −20 ℃ 条件下沉淀 4 h;10 000 ×g 离心 20 min;沉淀用 100 μL 50 mmol/L TEAB 溶解;加入胰蛋白酶(胰蛋白酶: 蛋白质 =1∶50)37 ℃ 条件下酶解过夜。

2.2.7.4　TMT 标记

将存放于 −20 ℃ 的 TMT 试剂取出,恢复到室温离心,加入乙腈,涡旋离心,每 100 μg 多肽加入一管 TMT 试剂,在室温下孵育 2 h;加入羟胺,在室温下反应

15 min,混合到一管,使用真空浓缩仪抽干。

2.2.7.5　高 pH RPLC 一维分离

用 UPLC 上样缓冲液复溶多肽样品,用反相 C18 柱进行高 pH 液相分离。A 相:2% 乙腈(氨水调 pH = 10)。B 相:80% 乙腈(氨水调 pH = 10)。紫外检测波长:214 nm。流速:200 μL/min。时间梯度:48 min。

2.2.8　土壤理化性质测定

2.2.8.1　无机氮测定

利用浓 H_2SO_4 及混合催化剂,在高温处理下水解氧化,使氮素转变为铵离子,消化好的溶液中加入 NaOH 进行蒸馏,蒸馏出的氨液经硼酸溶液吸收,再用酸标准溶液滴定(溴甲酚绿和甲基红做混合指示剂,其终点为桃红色),由酸标准溶液的消耗量计算出无机氮含量。

2.2.8.2　速效磷测定

称取通过 1 mm 筛孔的风干土样 5 g 置于 250 mL 锥形瓶中,加入 1 勺无机磷活性炭和 0.5 mol/L $NaHCO_3$ 浸提液 100 mL,塞紧瓶塞,振荡 30 min,取出后立即用干燥漏斗和无磷滤纸过滤,滤液用另一只锥形瓶接盛。同时做空白对照。

吸取滤液 10 mL 于 50 mL 容量瓶中,加钼锑抗混合显色剂 5 mL,小心摇动。30 min 后在 660 nm 处比色,空白液校零,读取吸光值。

$$速效磷 = (OD_{线性回归值} \times V_{显色剂} \times 分取倍数)/m_{土样}$$

2.2.8.3　速效钾测定

称取风干土样 5 g 于 150 mL 锥形瓶中,加入 50 mL 1 mol/L NH_4Ac 溶液,塞紧瓶塞,振荡 30 min,定性滤纸过滤,收集后用移液管吸取 1 mL 放入干燥的小烧杯中,再加入 9 mL Li 标液,在火焰分光光度计上测定。

2.2.8.4 铝、铁、锰、钙、镁、锌、铜测定

称取风干土样 0.5 g 置于消解管底部,加入 1 mL 去离子水润湿,加入10 mL 浓 H_2SO_4 浸泡过夜。消解管置于电热消解管 110 ℃ 消解 1 h,升温至 150 ℃ 后 3 h,降温至室温加入 5 mL 30% H_2O_2,升温消解,直至消解液清澈透明,停止消解。将消解液体转移至 25 mL 容量瓶中,用去离子水定容至刻度线,此为待测液。同时做试剂空白试验。采用乙炔 – 空气火焰,在原子吸收分光光度计上分别测量标准工作液中铝、铁、锰、钙、镁、锌、铜的吸光值。以浓度为横坐标、吸光值为纵坐标,分别绘制铝、铁、锰、钙、镁、锌、铜的标准工作曲线,得出吸光值与浓度关系的线性回归方程。各元素标准曲线的线性相关系数 $y > 0.995$。试样中铝、铁、锰、钙、镁、锌、铜的含量按公式计算:

$$X = [(c - c_0) \times V \times 1\ 000]/m \times 1\ 000$$

其中,X 为试样中铝、铁、锰、钙、镁、锌、铜含量(mg/kg),c 为待测液中铝、铁、锰、钙、镁、锌、铜含量(μg/mL),c_0 为试剂空白液中铝、铁、锰、钙、镁、锌、铜含量(μg/mL),V 为待测液定容后的体积(mL),m 为称取样品体积(g)。

2.2.9 数据分析

数据统计与分析采用 Microsoft Excel 2013、SPSS 19.0 进行,作图软件使用 Microsoft Excel 2013。

3　结果与分析

3.1　酸碱胁迫对甜菜生长及形态指标的影响

从图 1-3-1 中我们可以看到：碱性土壤的甜菜长势好，叶片数多，叶片大，叶片颜色呈鲜绿色；酸性土壤的甜菜与中性土壤的甜菜相比，生长受到了一定程度的抑制，叶片变小，叶形狭长，叶片颜色呈深绿色。

图 1-3-1　酸碱胁迫对甜菜生长的影响

3.1.1　甜菜种子发芽率分析

酸碱胁迫对甜菜种子发芽率的影响见表1-3-1。中性条件下,随着播种天数的增加,甜菜种子发芽率逐渐提高,第10天时发芽率达到90%以上。酸性条件下,甜菜种子的发芽率低于中性条件且差异显著,在播种第11天发芽率仅达到88.54%。碱性条件下,甜菜的发芽率高于中性条件,在播种第8天发芽率就达到93.75%。各处理间差异极显著。试验结果表明碱性条件可以促进甜菜种子的萌发,提高其发芽率。

表1-3-1　甜菜种子发芽率情况

单位:%

处理	播种5天	播种6天	播种7天	播种8天	播种9天	播种10天	播种11天
酸性	2.34	22.92	53.28	72.53	80.44	83.33	88.54
中性	14.06	50.00	67.97	78.91	85.87	90.63	91.67
碱性	33.60	68.72	83.33	93.75	95.75	95.83	95.83

3.1.2　酸碱胁迫对甜菜叶、茎、根鲜重的影响

对酸碱胁迫下甜菜叶、茎、根鲜重进行测定,测定结果见表1-3-2,甜菜叶、茎、根鲜重变化有显著性差异。可以看出,酸性条件下的甜菜叶、茎、根鲜重显著低于中性条件下的甜菜叶、茎、根鲜重,比中性条件下的甜菜叶、茎、根鲜重分别降低了18.11%、34.84%、38.81%;碱性条件下的甜菜叶、茎、根鲜重显著高于中性条件下的甜菜叶、茎、根鲜重,比中性条件下的甜菜叶、茎、根鲜重分别增加了54.83%、45.49%、104.48%。

表1-3-2　甜菜叶、茎、根鲜重

单位:g

处理	叶鲜重	茎鲜重	根鲜重	总鲜重
酸性	2.500 ±0.306c	1.590 ±0.125c	0.410 ±0.026c	4.500 ±0.211c
中性	3.053 ±0.244b	2.440 ±0.300b	0.670 ±0.091b	6.163 ±0.581b
碱性	4.727 ±0.256a	3.550 ±0.079a	1.370 ±0.092a	9.647 ±0.386a

注:不同小写字母表示不同处理间的差异性显著($p < 0.05$),下同。

3.1.3　对甜菜叶、茎、根干重的影响

酸碱胁迫对甜菜叶、茎、根干重的影响见表1-3-3,酸碱胁迫下甜菜叶、茎、根干重变化有显著性差异。由表可以看出,酸性条件下的甜菜叶、茎、根干重显著低于中性条件下的甜菜叶、茎、根干重,比中性条件下的甜菜叶、茎、根干重分别降低了6.11%、23.47%、12%;碱性条件下的甜菜叶、茎、根干重显著高于中性条件下的甜菜叶、茎、根干重,比中性条件下的甜菜叶、茎、根干重分别增加了30.91%、27.16%、66%。

表1-3-3　甜菜叶、茎、根干重

单位:g

处理	叶干重	茎干重	根干重	总干重
酸性	0.246 ±0.010c	0.124 ±0.007c	0.044 ±0.004c	0.414 ±0.011c
中性	0.262 ±0.040b	0.162 ±0.017b	0.050 ±0.004b	0.474 ±0.027b
碱性	0.343 ±0.014a	0.206 ±0.012a	0.083 ±0.005a	0.632 ±0.019a

3.1.4　对甜菜株高的影响

酸碱胁迫对甜菜株高的影响见图1-3-2,在酸碱胁迫下甜菜株高有显著性差异。由图1-3-2可以看出,酸性条件下的甜菜株高显著低于中性条件下

的甜菜株高,比中性条件下的甜菜株高降低了12.90%;碱性条件下的甜菜株高显著高于中性条件下的甜菜株高,比中性条件下的甜菜株高增加了11.96%。

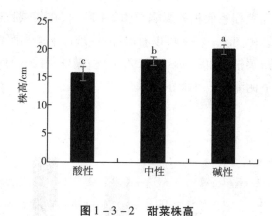

图1-3-2　甜菜株高

3.1.5　对甜菜叶面积的影响

酸碱胁迫对甜菜叶面积的影响见图1-3-3,在不同酸碱条件下甜菜叶面积有显著性差异。由图1-3-3可以看出,酸性条件下的甜菜叶面积显著小于中性条件下的甜菜叶面积,减少了10.96%;碱性条件下的叶面积显著大于中性条件下的甜菜叶面积,增加了13.46%。

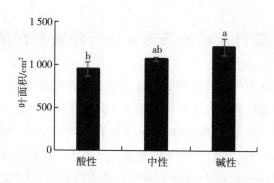

图1-3-3　甜菜叶面积

3.1.6 对甜菜根系面积的影响

酸碱胁迫对甜菜根系面积的影响见图1-3-4,在酸碱胁迫下甜菜根系面积有显著性差异。由图1-3-4可以看出,酸性条件下的甜菜根系面积显著低于中性条件下的甜菜根系面积,减少了38.45%;碱性条件下的甜菜根系面积显著高于中性条件下的甜菜根系面积,增加了20.15%。

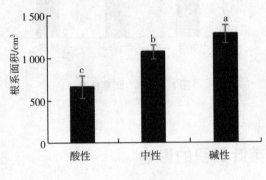

图1-3-4　甜菜根系面积

3.2　酸碱胁迫对甜菜叶片光合生理指标的影响

3.2.1　对甜菜叶片中叶绿素 a 和叶绿素 b 含量的影响

酸碱胁迫对甜菜叶片叶绿素 a 和叶绿素 b 含量的影响见图1-3-5,在土壤酸碱胁迫下甜菜叶片叶绿素 a 和叶绿素 b 含量有显著性差异。由图1-3-5可以看出,甜菜叶绿素 a 和叶绿素 b 含量在碱性条件下达到最高,分别为0.642 mg/g、1.284 mg/g,较中性条件提高了3.55%、3.97%;在酸性条件下最低,分别为0.616 mg/g、1.206 mg/g,较中性条件降低了0.65%、2.35%。

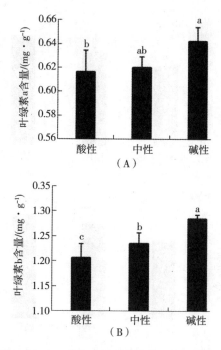

图 1 – 3 – 5　甜菜叶绿素 a 和叶绿素 b 含量

3.2.2　对甜菜叶片光合指标的影响

酸碱胁迫对甜菜叶片光合指标的影响见图 1 – 3 – 6。在不同酸碱条件下甜菜叶片净光合速率、蒸腾速率、气孔导度、胞间 CO_2 浓度有显著性差异。由图可以看出,甜菜叶片净光合速率、蒸腾速率、气孔导度、胞间 CO_2 浓度均在碱性条件下达到最大,显著高于中性条件,分别提高了16.33%、10.72%、44.26%、21.07%;在酸性土壤下最小,显著低于中性条件,分别降低了 16.19%、17.64%、23.27%、33.77%。

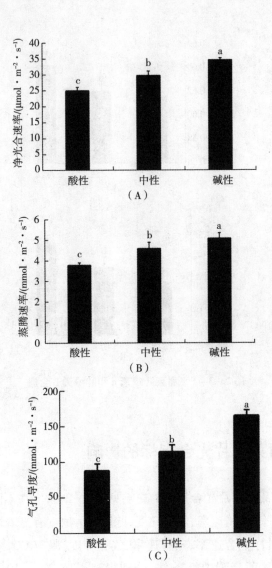

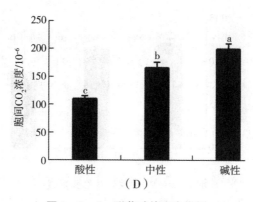

图 1 - 3 - 6　甜菜叶片光合指标

3.3　酸碱胁迫对甜菜叶片和根中丙二醛含量和抗氧化酶活性的影响

3.3.1　对甜菜叶片质膜透性的影响

酸碱胁迫对甜菜叶片质膜透性的影响见图 1 - 3 - 7,在不同酸碱条件下甜菜叶片质膜透性有显著性差异。由图 1 - 3 - 7 可以看出,甜菜叶片质膜透性在酸性条件下最大(0.120%),显著高于中性条件,提高了 6.19%;在酸性条件下最小(0.087%),显著低于中性条件,降低了 23.01%。

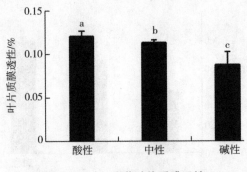

图 1 - 3 - 7　甜菜叶片质膜透性

3.3.2　对甜菜叶片和根中丙二醛含量的影响

酸碱胁迫对甜菜叶片和根中丙二醛含量的影响见图 1 - 3 - 8。结果表明，酸性条件下甜菜叶片中丙二醛含量为 0.514 mg/g，极显著高于中性条件，提高了12.62%，碱性条件下甜菜叶片中丙二醛含量为 0.361 mg/g，极显著低于中性条件，降低了 20.89%；酸性条件下甜菜根部中丙二醛含量为 0.921 mg/g，极显著高于中性条件，提高了 46.15%；碱性条件下甜菜根系中丙二醛含量为 0.491 mg/g，显著低于中性条件，降低了 22.08%。

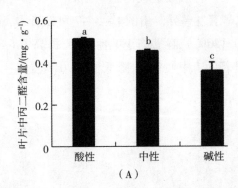

（A）

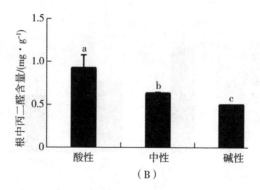

图 1 - 3 - 8　甜菜叶片和根中丙二醛含量

3.3.3　对甜菜叶片和根中抗氧化酶活性的影响

图 1 - 3 - 9 是酸碱胁迫对甜菜叶片和根中的 SOD、CAT、POD、APX 活性的影响。结果表明，酸性条件下甜菜叶片中 SOD、CAT、POD、APX 活性为 89.847 μmol/（min·mg）、0.218 μmol/（min·mg）、0.449 μmol/（min·mg）、1.932 μmol/（min·mg），极显著高于中性条件，分别提高了 9.81%、16.32%、35.52%、19.68%，碱性条件下甜菜叶片中 SOD、CAT、POD、APX 活性为 78.417 μmol/（min·mg）、0.161 μmol/（min·mg）、0.172 μmol/（min·mg）、0.806 μmol/（min·mg），显著低于中性条件，分别降低了 4.16%、14.30%、48.19%、50.11%；酸性条件下甜菜根中 SOD、CAT、POD、APX 活性为 15.235 μmol/（min·mg）、0.017 μmol/（min·mg）、0.492 μmol/（min·mg）、1.286 μmol/（min·mg），极显著高于中性条件，分别提高了 17.38%、23.77%、39.04、37.50%，碱性条件下甜菜根中 SOD、CAT、POD、APX 活性为 10.043 μmol/（min·mg）、0.012 μmol/（min·mg）、0.286 μmol/（min·mg）、0.698 μmol/（min·mg），极显著低于中性条件，分别降低了 22.62%、6.98%、19.26%、25.35%。

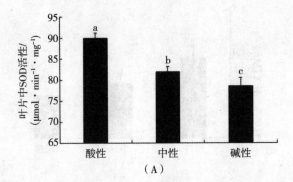

（A）

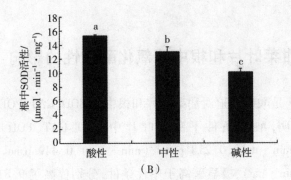

（B）

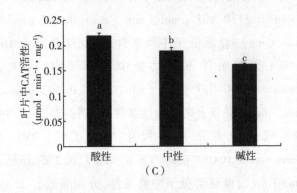

（C）

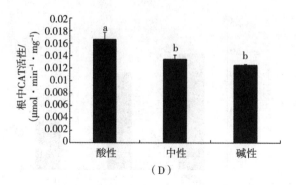

（D）

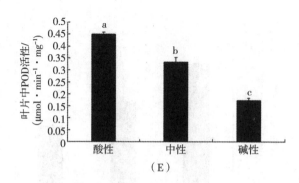

（E）

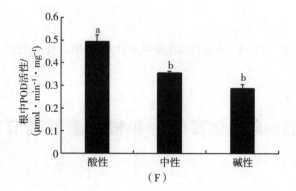

（F）

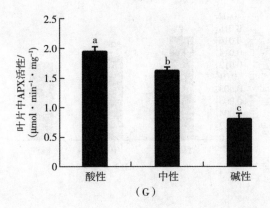

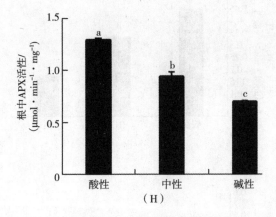

图1-3-9 甜菜叶片和根中 SOD、CAT、POD、APX 活性

3.4 酸碱胁迫对甜菜叶片和根中渗透调节物质的影响

由图1-3-10可知,酸性土壤显著提高了甜菜叶片和根中可溶性蛋白、还原糖、脯氨酸、游离氨基酸含量,较中性土壤分别提高了3.59%和14.56%、38.31%和66.44%、79.94%和25.67%、5.83%和13.89%,而碱性土壤降低了甜菜叶片和根中可溶性蛋白、还原糖、脯氨酸、游离氨基酸含量,较中性土壤分

别降低了 3.49% 和 5.34% 、12.70% 和 10.62% 、27.37% 和19.37% 、10.63% 和 21.72% 。

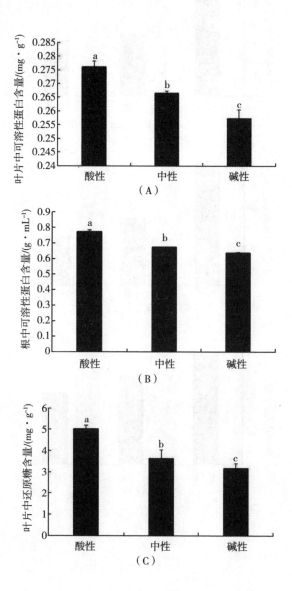

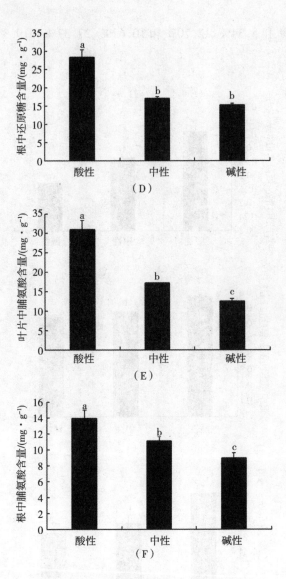

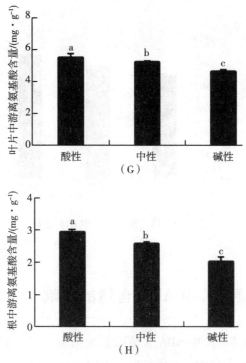

图 1 - 3 - 10 甜菜叶片和根中可溶性蛋白、
还原糖、脯氨酸、游离氨基酸含量

3.5 酸碱胁迫对甜菜叶片中激素含量的影响

3.5.1 对甜菜叶片中 IAA 含量的影响

酸碱胁迫对甜菜叶片中 IAA 含量的影响见图 1 - 3 - 11,在不同酸碱条件下甜菜叶片中 IAA 含量有显著性差异。由图可以看出,甜菜叶片中 IAA 含量随着碱性增强而呈增加趋势,碱性条件下甜菜叶片中 IAA 含量达到 105.617 ng/g,比酸性条件下的 87.896 ng/g 提高了 20.16%,比中性条件下的 96.340 ng/g 提高了 9.63%。

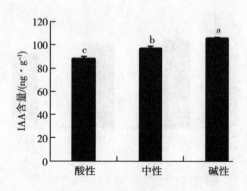

图 1 – 3 – 11　甜菜叶片中 IAA 含量

3.5.2　对甜菜叶片中 ABA 含量的影响

酸碱胁迫对甜菜叶片中 ABA 含量的影响见图 1 – 3 – 12,在不同酸碱条件下甜菜叶片中 ABA 含量有显著性差异。由图可以看出,甜菜叶片中 ABA 含量随着碱性增强而呈降低趋势,碱性条件下甜菜叶片中 ABA 含量达到 165. 869 ng/g,比酸性条件下的 218. 662 ng/g 降低了 24. 14%,比中性条件下的 195. 217 ng/g 降低了 15. 03%。

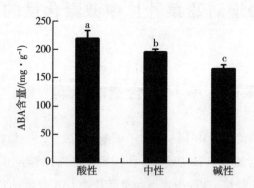

图 1 – 3 – 12　甜菜叶片中 ABA 含量

3.5.3　对甜菜叶片中 GA₃ 含量的影响

酸碱胁迫对甜菜叶片中 GA_3 含量的影响见图 1-3-13,在不同酸碱条件下甜菜叶片中 GA_3 含量有显著性差异。由图 1-3-13 可以看出,甜菜叶片中 GA_3 含量随着碱性增强而呈增加趋势,碱性条件下甜菜叶片中 GA_3 含量达到 16.547 ng/g,比酸性条件下的 13.281 ng/g 提高了 24.59%,比中性条件下的 15.084 ng/g 提高了 9.70%。

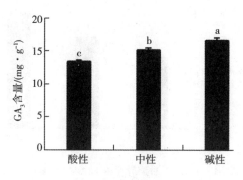

图 1-3-13　甜菜叶片中 GA_3 含量

3.5.4　对甜菜叶片中 IAA/ABA 和 GA₃/ABA 的影响

酸碱胁迫对甜菜叶片中 IAA/ABA 和 GA_3/ABA 的影响见图 1-3-14。由图可知,酸性条件下的甜菜叶片中 IAA/ABA 及 GA_3/ABA 与中性条件下的相比明显降低,分别降低了 18.45% 和 21.21%;碱性条件下的甜菜叶片中 IAA/ABA 及 GA_3/ABA 与中性条件下的相比明显增加,比中性条件提高了 29.07% 和 29.13%。

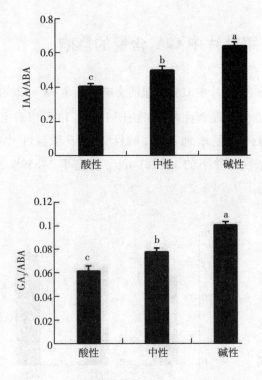

图 1-3-14　甜菜叶片中 IAA/ABA、GA_3/ABA

3.6　酸碱胁迫下种植甜菜对土壤理化性质的影响

　　酸碱胁迫下种植甜菜对土壤理化性质的影响见表 1-3-4。种植甜菜后，无机氮、速效磷、速效钾、钙、镁、锌、铜含量在酸性、中性、碱性条件下没有显著性差异，而铝、铁、锰含量随碱性增强显著降低。

表 1 - 3 - 4　种植甜菜对土壤理化性质的影响

单位:mg·kg^{-1}

	酸性	中性	碱性
无机氮	191.50 ± 0.37a	217.06 ± 5.84ab	177.84 ± 3.96a
速效磷	29.97 ± 9.58a	42.34 ± 9.17a	29.05 ± 2.29a
速效钾	151.53 ± 8.05a	214.13 ± 3.97a	167.24 ± 3.80a
铝	76.30 ± 7.41a	66.10 ± 0.81b	49.49 ± 1.56c
铁	71.23 ± 3.10a	56.60 ± 8.16b	28.62 ± 3.90c
锰	82.05 ± 4.78a	69.49 ± 2.07b	28.95 ± 1.97c
钙	1324.26 ± 26.59a	1047.10 ± 11.25a	1506.39 ± 7.17b
镁	331.19 ± 0.32a	328.17 ± 4.06a	329.15 ± 0.90a
锌	17.58 ± 1.66a	12.14 ± 0.27a	23.42 ± 11.21a
铜	16.12 ± 1.30a	15.45 ± 1.92a	27.32 ± 1.22b

3.7　差异表达蛋白分析

3.7.1　甜菜叶片和根总蛋白的提取

为了研究甜菜叶片和根对酸碱胁迫的响应蛋白的差异性和一致性,本书提取了甜菜叶片和根总蛋白进行分析。使用试剂盒提供的标准蛋白质进行标准曲线的制作,采用 SPECTRA MAX 酶标仪,在 562 nm 处测定吸光值,标准曲线如图 1 - 3 - 15 所示。

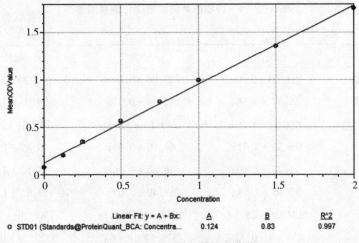

图 1 – 3 – 15　蛋白质标准曲线

根据标准曲线,进行叶片和根总蛋白的浓度测定(每个样品测定 3 次),结果表明酸性胁迫下甜菜叶片的总蛋白浓度分别为 7.239 μg/μL、6.885 μg/μL、7.19 μg/μL,根总蛋白浓度分别为 6.762 μg/μL、6.384 μg/μL、5.998 μg/μL;中性条件下甜菜叶片总蛋白浓度分别为 7.16 μg/μL、8.062 μg/μL、7.213 μg/μL,根总蛋白浓度分别为4.362 μg/μL、7.056 μg/μL、4.892 μg/μL;碱性胁迫下甜菜叶片总蛋白浓度分别为 7.133 μg/μL、6.907 μg/μL、7.198 μg/μL,根总蛋白浓度分别为 5.135 μg/μL、4.124 μg/μL、5.078 μg/μL。

得出总蛋白浓度后,利用 SDS – PAGE 进行蛋白质分析,结果如图1 – 3 – 16和图 1 – 3 – 17 所示,提取的甜菜根和叶片总蛋白的均一性较好,可以进行下一步 TMT 标记及质谱分析。

表 1 – 3 – 5　甜菜叶片总蛋白的 SDS – PAGE 样品顺序

序号	1	2	3	4	5	6	7	8	9
样品	酸性1	酸性2	酸性3	中性1	中性2	中性3	碱性1	碱性2	碱性3

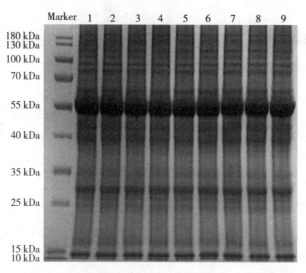

图 1 – 3 – 16　甜菜叶片总蛋白的 SDS – PAGE 结果

表 1 – 3 – 6　甜菜根总蛋白的 SDS – PAGE 样品顺序

序号	1	2	3	4	5	6	7	8	9
样品	酸性 1	酸性 2	酸性 3	中性 1	中性 2	中性 3	碱性 1	碱性 2	碱性 3

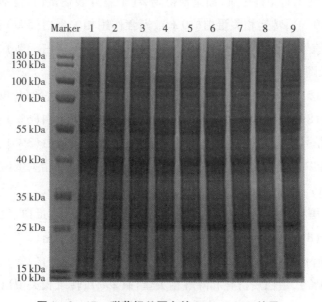

图 1 – 3 – 17　甜菜根总蛋白的 SDS – PAGE 结果

3.7.2 酸碱胁迫下甜菜叶片和根总蛋白质谱鉴定的定量分析

经过 TMT 蛋白质组学分析:酸性土壤比对中性土壤,甜菜叶片中鉴定得到差异表达蛋白 39 个,根中鉴定得到差异表达蛋白 20 个;碱性土壤比对中性土壤,甜菜叶片中鉴定得到差异表达蛋白 35 个,根中鉴定得到差异表达蛋白 262 个。

根据质谱鉴定的结果,将得到的差异表达蛋白分为抗逆和防御相关蛋白、转运相关蛋白、光合作用相关蛋白、代谢相关蛋白、信号传导相关蛋白、细胞壁合成相关蛋白、蛋白质合成相关蛋白、蛋白质折叠和降解相关蛋白、转录相关蛋白、其他功能相关蛋白和未知蛋白 11 个大类(图 1 – 3 – 18 和图 1 – 3 – 19)。

酸性土壤比对中性土壤,甜菜叶片得到 39 个差异表达蛋白,包括抗逆和防御相关蛋白(5%)、转运相关蛋白(2%)、代谢相关蛋白(23%)、信号传导相关蛋白(26%)、蛋白质合成相关蛋白(5%)、蛋白质折叠和降解相关蛋白(3%)、转录相关蛋白(3%),见图 1 – 3 – 18(A)。

酸性土壤比对中性土壤,甜菜根得到 20 个差异表达蛋白,包括抗逆和防御相关蛋白(10%)、转运相关蛋白(10%)、光合作用相关蛋白(5%)、代谢相关蛋白(10%)、信号传导相关蛋白(30%)、蛋白质合成相关蛋白(5%)、转录相关蛋白(5%),见图 1 – 3 – 18(B)。

碱性土壤比对中性土壤,甜菜叶片得到 35 个差异表达蛋白,包括抗逆和防御相关蛋白(8%)、转运相关蛋白(3%)、光合作用相关蛋白(6%)、代谢相关蛋白(31%)、信号传导相关蛋白(14%)、细胞壁合成相关蛋白(3%)、蛋白质合成相关蛋白(6%)、蛋白质折叠和降解相关蛋白(3%)、转录相关蛋白(3%),见图 1 – 3 – 19(A)。

碱性土壤比对中性土壤,甜菜根得到 262 个差异表达蛋白,包括抗逆和防御相关蛋白(8%)、转运相关蛋白(9%)、光合作用相关蛋白(2%)、代谢相关蛋白(37%)、信号传导相关蛋白(16%)、细胞壁合成相关蛋白(2%)、蛋白质合成相关蛋白(5%)、蛋白质折叠和降解相关蛋白(2%)、转录相关蛋白(2%),见图 1 – 3 – 19(B)。

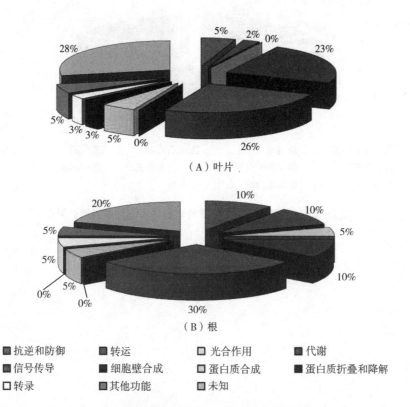

（A）叶片

（B）根

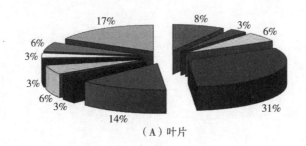

■ 抗逆和防御	■ 转运	□ 光合作用	■ 代谢
■ 信号传导	■ 细胞壁合成	□ 蛋白质合成	■ 蛋白质折叠和降解
□ 转录	■ 其他功能	■ 未知	

图 1 - 3 - 18　酸性处理和中性处理条件下甜菜差异表达蛋白

（A）叶片

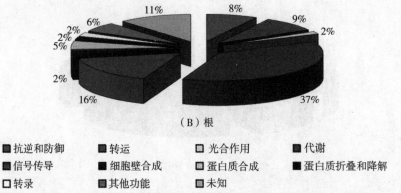

（B）根

■ 抗逆和防御　　■ 转运　　□ 光合作用　　■ 代谢

■ 信号传导　　■ 细胞壁合成　　□ 蛋白质合成　　■ 蛋白质折叠和降解

□ 转录　　■ 其他功能　　■ 未知

图 1 − 3 − 19　碱性处理和中性处理条件下甜菜差异表达蛋白

4　讨论

4.1　酸碱胁迫对甜菜生长的影响

　　植物的外部形态指标是反映植物对酸碱环境适应能力的最直接表现,酸性过高或者碱性过高都会影响植物的正常生长发育,严重时可使植株死亡。Schwamberger 等人研究发现,施用 NH_4 后土壤 pH 值较低,烟草生长速度比没有施加 NH_4 的慢。Goldberg 发现合欢树幼苗能在酸性土壤中存活,而栎木幼苗在酸性和微碱性土壤中均能很好地生存。施展等人研究发现,石灰土中的金铁锁种子萌发势显著高于酸性土壤中的,酸性土壤中的金铁锁幼苗地下部分鲜重高于石灰土的。伍杰等人研究发现康定木兰幼苗在 pH = 5.5~7.5 时形态特征、株高、地径生长量、叶面积长势较好,康定木兰幼苗的各项所测指标在 pH = 6.5 时都达到了最大值,康定木兰幼苗在 pH < 5.5 或 pH > 7.5 时的生长受显著抑制。金义兰等人的试验结果表明太子参、头花蓼和薄荷在 pH = 6.0~6.5 的土壤中生长好,鲜重和干重较高。迷迭香在 pH 值为 7.0 和 7.5 的土壤环境中生长快,鲜重和干重较高。何坤等人的试验表明土壤 pH 值为 5.4~6.9 时,烤烟的地上部农艺性状(株高、茎围、叶片数、最大叶面积)和根系(根系面积、根鲜重、干重、根系活力)生长发育较好。Zou 等人研究发现,0.7% 碱性盐处理的甜菜比 0.9% 和 0.5% 碱性盐处理以及对照的甜菜长势好。本书中甜菜在碱性土壤条件下发芽率和长势较好,叶片较大,叶片呈鲜绿色,根、茎、叶的鲜重和干重、株高、叶面积、根系面积均达到最高值;在酸性土壤条件下生长受到了明显的抑制,叶片较小,根、茎、叶的鲜重和干重、株高、叶面积、根系面积均达到最低值,说明碱性土壤环境可以促进甜菜生长,是较适合甜菜生长的环境。

4.2 酸碱胁迫对甜菜叶片光合指标的影响

光合作用作为植物体生长的主要驱动力,为植物合成有机化合物提供了能量和碳源。光合作用效率的高低主要取决于叶绿素含量的多少,叶绿素主要有叶绿素 a 和叶绿素 b,叶绿素 a 与植物吸收长波光的能力有关,而叶绿素 b 与植物吸收短波光的能力有关,叶绿素含量表明植物光合作用的强度,也是植物适应环境能力的重要生理指标。研究发现,营养液 pH = 5.5 ~ 6.5 时喜树幼苗叶片中叶绿素含量最高,pH = 6.5 ~ 7.5 时烤烟叶片中叶绿素含量最高,pH = 5.5 时脂松苗木的叶绿素含量最高,pH 较高时嫁接乌饭树可以使蓝莓叶片中叶绿素的含量升高,pH = 6.2 时黄瓜子叶中叶绿素含量最高,生长在石灰土中的金铁锁幼苗叶绿素含量均高于生长在酸性土壤中的含量。本书发现甜菜在碱性土壤条件下的叶绿素 a、b 含量均达到最高值,在酸性土壤条件下达到最低值,可能是酸性处理能够增强叶绿素降解酶活性从而促进叶绿素降解,而碱性处理抑制叶绿素降解酶活性。

光合作用是保持植物体进行正常生命活动的基本物理化学过程,植株的气孔导度和净光合速率在一定程度上反映着光合作用的强弱,与植株的生长量和产量有着直接关系,胞间 CO_2 浓度对光合作用的强弱有着显著影响,蒸腾速率对气孔闭合的影响是限制植物光合作用的重要条件。一般来说,植物的净光合速率在酸碱胁迫下通常会降低。研究发现酸雨可使杉木针叶的气孔导度发生变化并降低光合速率。王思远等人发现生长初期的烤烟叶片在 pH = 6.5 ~ 7.5 时光合速率较高,而成熟期的烤烟叶片在 pH = 8.5 时光合速率最高。研究人员发现碱胁迫可抑制小麦生长,使小麦叶片的气孔导度、净光合速率、蒸腾速率、胞间 CO_2 浓度均明显低于中性处理。本书发现酸性处理条件下甜菜叶片的净光合速率、蒸腾速率、气孔导度、胞间 CO_2 浓度均明显低于中性处理,碱性处理条件下的净光合速率、蒸腾速率、气孔导度、胞间 CO_2 浓度明显高于中性处理。

4.3　酸碱胁迫对甜菜叶片和根中丙二醛含量和抗氧化酶活性的影响

正常情况下,植物体内的活性氧(ROS)与抗氧化酶系统处于动态平衡状态,但是在胁迫条件下,ROS 增加导致氧化胁迫,使植物体内的代谢活动失衡产生大量的丙二醛。在氧化应激条件下,植物具有有效的清除 ROS 的系统,可以保护 ROS 免受破坏性的氧化反应,SOD、CAT、APX、POD、GPX、GST 和 GR 的活性通常会增加,它们的活性通常与植株的耐受性有直接关系。SOD 具有催化 O^{2-} 歧化的作用。CAT 可以在胁迫条件下缓解 ROS 的毒性。APX 在清除 ROS 的过程中有着至关重要的作用。POD 主要位于质外体空间和液泡中,在催化 H_2O_2 转化为 H_2O 方面起重要作用。王思远等人研究发现,随土壤 pH 值的升高,烤烟叶片中 SOD、CAT、POD 活性增加,丙二醛含量在 pH = 4.5 ~ 6.5 时呈上升趋势,在 pH = 7.5 ~ 8.5 时呈下降趋势,在 pH = 8.5 时含量最低。赵则海等人研究发现,pH = 4 时裂叶牵牛叶中丙二醛含量均达到最高值,pH > 4 或 pH < 4 时,裂叶牵牛叶中丙二醛含量均呈现降低趋势。Biswojit 等人发现酸胁迫会导致 ROS 积累从而显著促进丙二醛含量的积累,同时显著提高番茄叶片中 SOD、CAT、POD、APX 活性。Hu 等人对 30 个柳枝稷草品种用 Na_2CO_3 和 $NaHCO_3$ (pH = 9.5)处理发现,碱胁迫提高了丙二醛含量、SOD 活性,降低了 CAT 活性,但 APX 活性随品系的不同而不同。Song 等人用 200 mmol/L $NaHCO_3$ 处理紫花苜蓿 6 天后发现,碱胁迫下紫花苜蓿根部积累了较多的丙二醛,提高了 SOD、POD 和 GSH 活性。本书中,酸性处理下的甜菜叶片和根与中性处理下的甜菜叶片和根相比积累了较多的丙二醛,酸性处理下甜菜叶片和根中的 SOD、CAT、POD、APX 活性增加,而碱性处理下的甜菜叶片和根与中性处理下的甜菜叶片和根相比丙二醛含量较低,碱性条件下 SOD、CAT、POD、APX 活性也较低,说明甜菜在碱性处理下受到的胁迫较小。此外,根部的丙二醛含量、POD 活性高于叶片,而 SOD、CAT、APX 活性低于叶片,可能是由于根是甜菜直接接触土壤的器官。

4.4 酸碱胁迫对甜菜叶片和根中渗透调节物质含量的影响

植物细胞渗透调节和积累有机溶质的能力是植物抗胁迫主要机制之一。植物中的脯氨酸、游离氨基酸、还原糖和可溶性蛋白等渗透调节物质的含量反映植物在受到渗透压诱导时的胁迫耐受程度。脯氨酸是动植物消除 ROS 所需的重要非酶抗氧化剂。氨基酸不仅是蛋白质合成所必需的,而且还可以作为多种代谢产物的前体,这些代谢产物在植物生长和对各种胁迫的响应中具有多种功能。脯氨酸是渗透保护剂、蛋白质稳定剂、脂质过氧化抑制剂,还具有清除 ROS 的作用。这些渗透溶质主要通过两种方式进行调节:(1)降低细胞的渗透势;(2)稳定膜和大分子结构和功能。冯建灿等人已证明,pH = 5.5 ~ 6.5 时喜树幼苗叶片中脯氨酸的含量达到最低值。高金玉等人发现,强酸或强碱条件都会引起朝鲜百合叶片中脯氨酸含量升高、可溶性蛋白含量降低,pH = 6 ~ 8 较适宜朝鲜百合的生长发育。刘光玲等人发现,甘蔗幼苗的可溶性蛋白含量在 pH = 6.0 时达到最高值,而脯氨酸含量达到最低值,比较适合甘蔗幼苗生长。在中度碱胁迫(pH = 9.4)或重度碱胁迫(pH = 10.3)下肯塔基草芽中可溶性蛋白含量未发生变化,但根中的可溶性蛋白含量降低,重度碱胁迫下肯塔基草的氨基酸、淀粉、水溶性碳水化合物和蔗糖含量较高,而果糖和葡萄糖含量较低。Zhou 等人以桂花、蜡梅和百日草为材料发现,在模拟酸雨条件下,这些木本植物的脯氨酸含量升高。本书中,酸性条件下甜菜叶片和根中的可溶性蛋白、脯氨酸、还原糖、游离氨基酸含量高于中性条件,而碱性条件下甜菜叶片和根中的可溶性蛋白、脯氨酸、还原糖、游离氨基酸含量低于中性条件。说明甜菜在不适于生长的酸性条件下需要大量合成这些渗透调节物质来缓解对自身的危害,而碱性条件适合自身生长。此外,甜菜叶片中的可溶性蛋白和还原糖含量高于根,而脯氨酸和游离氨基酸含量低于根。

4.5　酸碱胁迫对甜菜叶片中激素含量的影响

植物内源激素是植物在生长过程中能够通过自身代谢产生的调控生长的物质，六大植物激素指生长素（IAA）、赤霉素（GA）、细胞分裂素（CTK）、脱落酸（ABA）、乙烯（ETH）和芸苔素内酯类（BR）。这些植物激素同时存在于植株内，它们之间可以是协同作用也可以是拮抗作用。Diego发现辐射松在干旱胁迫条件下会降低IAA含量来适应胁迫环境。本书中酸性处理下的甜菜叶片中IAA含量低于中性处理下的，而碱性处理下的甜菜叶片中IAA含量高于中性处理下的，这说明酸性环境对甜菜来说胁迫较大，甜菜更适应碱性环境。本书中酸性处理下甜菜叶片中ABA含量高于中性处理下，而碱性处理下的ABA含量低于中性处理下，周青等人指出ABA是植物应对逆境最重要的激素，在胁迫条件下植物能迅速合成ABA，这说明较酸性环境而言，甜菜叶片更适应碱性环境。本书中酸性处理下甜菜叶片中GA_3含量低于中性处理下的，而碱性处理下的GA_3含量高于中性处理下的，陈丹等人指出内源GA_3含量降低可以增强植物对胁迫条件的适应能力，这说明在酸性条件下甜菜GA_3含量较低可以更好地适应胁迫环境。

4.6　酸碱胁迫对土壤理化性质的影响

土壤理化性质主要包括土壤的质地、结构、孔性、空气、水分、酸碱性、有机质含量和矿质养分含量等，这些因子直接或间接地影响着植物根系的活力。土壤酸碱性在很大程度上影响着土壤的肥力状况，土壤pH值的不同可改变土壤的供肥能力和植物生长发育状况，所以研究土壤的酸碱性对研究土壤的供肥能力和耕种性有重要意义。研究表明，土壤过酸或者过碱会破坏土壤的结构，强酸性土壤中H^+含量较多，而强碱性土壤中Na^+较多，都缺少Ca^{2+}，无法形成良好的土壤结构体，从而使植物难以生存。当pH > 7.5或 < 6时可使土壤养分的有效性降低，因为酸性土壤中的Ca^{2+}、Mg^{2+}、K^+易发生淋溶作用，而碱性土壤中

的 Ca^{2+} 和 Mg^{2+} 溶解度降低。本书的结果表明,不同酸碱性土壤种植甜菜后无机氮、速效磷、速效钾、钙、镁、铜、锌的含量在 3 个处理下无显著变化。酸性土壤会导致铝、铁、锰对植物的毒害作用,影响植株的叶绿素含量、生物量等。本书的结果表明,不同酸碱性土壤种植甜菜后铝、铁、锰的含量随碱性增强呈现出降低趋势,但是铝、铁、锰含量均在正常范围(铝约为 800 mg/kg,铁约为 1 700 mg/kg,锰约为 500 mg/kg)内,因此在本次试验中排除铝、铁、锰对甜菜的毒害作用。

4.7 差异表达蛋白分析

4.7.1 抗逆和防御相关蛋白

在生命过程中,植物常常受到各种生物或非生物胁迫,植物为了应对这些胁迫,在其进化过程中产生一系列非常复杂且多样的防御蛋白。这些防御蛋白包括:类甜蛋白(TLP)、抗氧化酶、热休克蛋白(HSP)、载脂蛋白等。

TLP 属于高度复杂的蛋白家族,与植物、动物和真菌的宿主防御和发育过程有关,但在植物中表现出更高的多样性,已被归类为病程相关蛋白家族。研究发现 TLP 不但具有酶抑制剂活性,而且在植物响应冷、盐和氧等胁迫中发挥重要作用。经酸碱处理后,酸性土壤的甜菜叶片中 TLP 比中性土壤的上调表达,碱性土壤的甜菜根中 TLP 比中性土壤的下调表达。

抗氧化酶是植物响应非生物胁迫时的重要应激蛋白,通过参与清除胁迫条件下植物体内的 ROS,减轻细胞的氧化伤害。碱性土壤的甜菜叶片和根中抗氧化酶比中性土壤的下调表达,说明碱性土壤的甜菜产生的 ROS 较少,即受到的胁迫较小。

HSP 是有机体能够通过自身大量合成抵抗胁迫条件(如高热、缺氧及化学物质刺激等)的一类抗逆性蛋白质。研究发现,HSP 可以积极调节植物对缺氧、高温、渗透压和氧化胁迫的耐受性。小麦、拟南芥、大豆的蛋白质谱分析表明盐胁迫高度诱导了 HSP。本书发现碱性土壤的甜菜根中 HSP 比中性土壤的上调表达。

植物载脂蛋白主要包括温度诱导的载脂蛋白(TIL)、叶绿体载脂蛋白(CHL),在调控细胞生长代谢、修复及诱导细胞凋亡等过程中都具有重要的作用。Kawamura 已经证明 TIL 在低温和高温诱导下大量增加,Abo 等人发现 TIL 在盐胁迫下也显著增加。本书发现碱性土壤的甜菜根中 TIL 比中性土壤的上调表达。

4.7.2　转运相关蛋白

叶绿体中的易位蛋白分为位于外膜上的易位蛋白 Toc(translocon of the outer membrane of chloroplasts)和位于内膜上的易位蛋白 Tic(translocon of the inner membrane of chloroplasts),是位于叶绿体膜上负责转运叶绿体蛋白的蛋白复合体。本书结果表明酸性土壤的甜菜叶片中内膜上的易位蛋白相比中性土壤的下调表达。异戊烯化 Rab 结合蛋白(PRA1)是在不同的囊泡运输过程中普遍存在的小跨膜蛋白,并与各种蛋白质相互作用。Huang 等人已经报道了 PRA1 可作为花椰菜花叶病毒(CaMV)运动蛋白的相互作用体。Lai 等人发现大麦在盐碱胁迫下 PRA1 显著上调表达。酸性土壤的甜菜根部中 PRA1 相比中性土壤的上调表达,说明酸性土壤诱导 PRA1 的上调表达来应对胁迫环境。钙网蛋白(calreticulin,CRT)是位于真核细胞内质网中的蛋白质,在细胞内 Ca^{2+} 稳态、凋亡细胞的清除等过程中起着核心作用。研究表明,在烟草、大麦的胚发生和玉米的有丝分裂过程,植物 CRT 高度表达。Jia 等人发现过表达的小麦 CRT 可以增强植物的抗旱性。本书结果表明,碱性土壤的甜菜叶片中 CRT 比中性土壤的下调表达,推测是因为碱性土壤受到的胁迫较小。

植物吸收的大部分硫以硫酸盐的形式存在,一些研究指出,硫酸盐转运蛋白在植物中对非生物胁迫的响应起着重要作用。硝酸盐转运蛋白包括低亲和硝酸盐转运蛋白 NRT1/PTR FAMILY(NPF)和高亲和硝酸盐转运蛋白 NRT2。Léran 等人发现拟南芥硝酸盐转运基因 *AtNPF* 可以提高拟南芥对精胺的抗性。ABC 转运蛋白是位于细胞膜上的转运蛋白,主要通过水解 ATP 来完成离子、糖、脂质、肽及蛋白质等多种底物的转运。研究发现 ABC 转运蛋白不仅能够增强植物对重金属离子胁迫的耐受性,而且还转运各种糖类,从而抵御低温环境,增加植物对胁迫环境的适应。本书结果表明,碱性土壤的甜菜根部中硫酸盐转运蛋白、NPF、ABC 转运蛋白比中性土壤的上调表达。

4.7.3　光合作用相关蛋白

植物叶绿体 NAD(P)H 脱氢酶(NDH)是位于类囊体膜上多亚基组成的大蛋白复合体,参与围绕光系统Ⅰ(PSⅠ)的循环电子途径和叶绿体呼吸过程,为 CO_2 同化过程提供所需的 ATP。研究证明,NDH 在低温胁迫或高温胁迫下能够缓解烟草受到的氧化胁迫。本书结果表明,碱性土壤的甜菜叶片中 NDH 比中性土壤的下调表达,而碱性土壤的甜菜叶片净光合速率、蒸腾速率、气孔导度、胞间 CO_2 浓度均明显高于中性土壤的甜菜叶片,说明碱性条件下叶片中 NDH 活性更高。

4.7.4　代谢相关蛋白

脂氧合酶(lipoxygenase,LOX)又名脂肪氧化酶,是植物脂肪酸氧化途径中的关键酶,在植物种子发芽、块茎发育、果实成熟、病原菌防御以及衰老等过程中起着重要作用。研究表明,在病原菌、虫害等生物胁迫条件下和干旱、盐、极端温度等非生物胁迫条件下,植物体中 LOX 活性增加,从而提高抗逆性。而在本书中,酸性土壤的甜菜叶片和碱性土壤的甜菜根中的 LOX 比中性土壤的下调表达,酸性土壤的甜菜中种子的发芽时间和发芽率明显低于中性土壤的甜菜,碱性土壤的甜菜中种子的发芽时间和发芽率明显高于中性土壤的甜菜。由此说明,酸性条件下 LOX 的量和活性均下调,而碱性条件下 LOX 的量下调但是活性可能明显提升,这有待于进一步研究。组蛋白翻译后修饰特性会因环境胁迫而改变,启动相关响应基因表达,在响应逆境的过程中起着至关重要的作用。研究表明,在盐、干旱、极端温度等非生物胁迫下组蛋白均有不同程度的变化。在本书中,酸性土壤的甜菜叶片中组蛋白比中性土壤的下调表达,而根中组蛋白上调表达。BTB/POZ 蛋白在植物的向光性生长、抗逆性、蛋白泛素化等过程中起着重要作用。在本书中,酸性土壤的甜菜叶片中 BTB/POZ 蛋白比中性土壤的上调表达。异黄酮类化合物是植物中具有生态生理活性的次生代谢产物,是通过 2 - 羟基异黄酮脱水酶(HID)脱水合成的,在本书中,碱性土壤的甜菜叶片中 HID 比中性土壤的上调表达,而在甜菜根中为下调表达。

RNA 聚合酶 Ⅱ 是多亚基的蛋白质复合物,具有合成 mRNA 及修饰的功能,其末端的特殊序列为 CTD 结构。RNA 聚合酶 Ⅱ CTD 磷酸酶(CPL)参与负责 CTD 结构中第五位点丝氨酸的去磷酸化过程。研究表明,拟南芥 AtCPL1 蛋白可以参与调控拟南芥对低温胁迫的响应。Guah 等人发现在高温胁迫下 AtCPL1 的等位基因 RCF2 可以通过调控转录因子 NAC019 的脱磷酸化水平来增强拟南芥的耐受性。GDPD 是催化甘油磷酸二酯水解生成 3 - 磷酸甘油和相应小分子(如胆碱、肌醇和丝氨酸等)的代谢酶。王欣发现低磷条件下拟南芥的 AtGDPD5 基因上调表达,同时 AtGDPD5 基因启动子的活性也增强。在本书中,碱性土壤的甜菜叶片中 CPL 和 GDPD 比中性土壤的下调表达。谷胱甘肽 S - 转移酶(GST)是一类多功能蛋白家族,广泛存在于动植物中。研究表明,盐碱胁迫下星星草幼苗的 GST 含量上升,低温胁迫下小麦细胞的 GST 活性降低,镉胁迫下转入绿色木霉的烟草比野生型长势好。在本书中,碱性土壤的甜菜叶片中 GST 比中性土壤的下调表达。

丝氨酸羧肽酶(SCP)属于 α/β 水解酶蛋白家族,在植物生长过程中参与多肽和蛋白质的加工、修饰与降解等多个环节。PAT、HHT 参与脂质代谢,ACO4 参与乙烯生物合成。COMT 调控木质素的合成速率及合成量。在本书中,碱性土壤的甜菜根中 SCP、COMT、ACO4 比中性土壤的下调表达,而碱性土壤的甜菜根中 PAT、HHT 比中性土壤的上调表达。

4.7.5　信号传导相关蛋白

植物在其生长发育过程中常常会受到干旱、盐、极端温度等非生物胁迫和病虫害等生物胁迫的影响,植物为了生存和适应胁迫环境进化出了许多复杂的信号传导机制。本书中,酸性和碱性土壤的甜菜中参与信号传导的赤霉素调节蛋白(GRP)、UMP/CMP 激酶、RPM1 蛋白、丝氨酸/苏氨酸磷酸酶(PSP)、钙依赖型蛋白激酶(CPK)、钙调蛋白、生长素结合蛋白(ABP)、半胱氨酸蛋白酶抑制剂等比中性土壤的均有上调和下调表达。

肌球蛋白可把贮存在 ATP 中的化学能转化为机械能。在本书中酸性和碱性土壤的甜菜叶片中肌球蛋白比中性土壤的下调表达,而酸性土壤的甜菜根中的肌球蛋白比中性土壤的上调表达。GRP 是植物激素信号传导途径中的重要蛋白质。UMP/CMP 激酶对细胞核苷酸的合成过程有重要作用,能够催化磷酸基从 ATP 转移到 CMP、UMP、dCMP。在本书中,酸性土壤的甜菜叶片中 GRP、UMP/CMP 激酶比中性土壤的下调表达。

植物在生长过程中能够由细胞组织内的非特异性免疫受体来识别病原菌进而防止病原菌侵入,RPM1 蛋白就是植物细胞内重要的非特异性免疫受体,可将信号传递到宿主细胞内。磷脂酰肌醇磷酸激酶(PIPK)在磷脂酰肌醇信号传导途径中起着重要作用。Mikami 等人发现干旱、高盐环境等逆境条件可以引起 AtPIP5K1 蛋白的诱导表达。研究人员发现拟南芥细胞处于高渗或高盐等逆境时,体内的 PIPK 参与对外界逆境的响应。PSP 是植物体内专一去除底物蛋白上丝氨酸或苏氨酸残基的磷酸基团,据报道,PSP 在种子萌发与休眠、气孔关闭和抗逆等信号传导途径中发挥着重要作用。CPK 是高等植物体内特有的一类 Ca^+ 结合蛋白,在调节植物生长发育、气孔运动、离子通道、植物防御和激素信号传导途径中起着非常重要的作用。拟南芥中的许多 CPK 基因会参与非生物胁迫信号传导途径。钙调蛋白是植物细胞内的钙感受器,参与各种生理活动的信号传导。水稻中的 CML4 受盐和干旱诱导,过量表达 CML4 可增强抗旱性,拟南芥中的 CML37 和 CML38 受盐、干旱、氧化和机械损伤诱导。在本书中,碱性土壤的甜菜根中 UMP/CMP 激酶、PIPK、PSP、CPK、钙依赖型蛋白激酶、钙调蛋白比中性土壤的上调表达。

磷酸肌醇磷脂酶在细胞中的功能包括维持细胞结构、控制膜流动、调控离子通道和传导细胞信号等。Mueller 证明拟南芥的磷酸肌醇磷脂酶基因在盐、干旱胁迫下会受到诱导。植物细胞内的丝氨酸/苏氨酸激酶(STK)几乎参与植物生长过程中的所有生理过程,如糖代谢、细胞周期、细胞生长及基因表达等。叶冰莹等人指出甘蔗中的 STK 基因对甘蔗的代谢和发育信号传导有重要作用。ABP 是参与植物细胞膜上生长素响应过程的一种生长素受体。半胱氨酸蛋白酶抑制剂是调控植物种子萌发、发育以及细胞程序性死亡等机制的蛋白质。已报道,植物半胱氨酸蛋白酶抑制剂可能参与调控植物在逆境条件下产生的 ROS,从而提高植物对逆境的抗性。在本书中,碱性土壤的甜菜叶片中磷酸肌醇磷脂酶、STK、ABP、半胱氨酸蛋白酶抑制剂比中性土壤的下调表达。

4.7.6　细胞壁合成相关蛋白

木葡聚糖内转糖苷酶/水解酶(XTH)广泛存在于植物细胞中,具有合成、强化、降解细胞壁的作用。研究表明,通气不良条件下转基因玉米中 *XTH* 基因上调表达,盐胁迫下转 *XTH* 基因的胡杨有较高的耐盐性。在本书中,碱性土壤的甜菜根中 XTH 相比中性土壤的下调表达。膨胀素是可诱导植物细胞壁松弛的蛋白质,在植物生长发育过程中起修饰细胞壁的作用。研究表明,低温胁迫下小麦根组织的膨胀素基因表达量显著升高,盐胁迫下玉米根组织中的膨胀素基因表达量也显著升高。在本书中,碱性土壤的甜菜根中膨胀素 A13 相比中性土壤的上调表达,而膨胀素 A4 表现为下调表达。花粉特异的富含亮氨酸的重复延伸蛋白(PEX)通过调节细胞壁的形成和组装来调节细胞形态,本书中,碱性土壤的甜菜根中 PEX 相比中性土壤的表现上调。

4.7.7　蛋白质合成相关蛋白

细胞内核糖体通过 mRNA 和 tRNA 的协同作用合成多肽,多肽再经过加工、折叠及转运等形成蛋白质。真核生物的核糖体一般包括 3~4 种 RNA 及 80 多种蛋白质,其由 40S 小亚基和 60S 大亚基组成。核糖体蛋白是组成核糖体的主要成分,对 DNA 合成和修复、转录和翻译都有重要作用。Guo 等人发现 60S 核糖体蛋白能够与抗低温基因 *CspA* 互作从而增强拟南芥的抗低温性。Kim 等人在低温诱导的小豆中克隆出 3 个 60S 核糖体蛋白,发现其可提高小豆的抗低温性。王立丰等人研究发现橡胶树的核糖体蛋白 HbRPL14 参与抗干旱调控机制。本书中酸性和碱性土壤的甜菜叶片和根中核糖体蛋白与中性土壤相比均有显著变化。

4.7.8　蛋白质折叠和降解相关蛋白

泛素广泛存在于真核细胞内,在蛋白质降解、基因转录、翻译、DNA 修复及信号传导等过程中均起着重要作用。郭启芳研究发现过量表达小麦 Ta – Ub2

泛素可增强转基因烟草的抗旱、抗盐、抗低温能力。F - box 蛋白主要以 SCF 复合体泛素连接酶 E3 介导的泛素化降解方式进行调控,在植物生长发育、信号传导、花器官发育中发挥重要的调节作用。研究表明,*F - box* 基因可增强植物的抗旱、抗盐、抗低温能力。本书中,碱性土壤的甜菜根中泛素、F - box 蛋白相比中性土壤的下调表达。肽基脯氨酰顺反异构酶(PPI)催化寡肽中脯氨酸酰亚胺肽键的顺反异构化,可能有助于蛋白质折叠。本书中,碱性土壤的甜菜根中 PPI 相比中性土壤的上调表达。

4.7.9　转录相关蛋白

碱性螺旋 - 环 - 螺旋(bHLH)转录因子作为植物转录因子最大家族之一,在植物生长发育、胁迫响应和植物次生代谢中具有重要的调控作用。本书中,酸性土壤的甜菜叶片中 bHLH 转录因子相比中性土壤的下调表达。叶绿体转录终止因子(cTERF)是导致叶绿体基因转录终止的调控因子。本书中,碱性土壤的甜菜叶片中 cTERF 相比中性土壤的下调表达。SCL 是 GRA 家族一类植物特有的重要转录因子,参与植物的生长发育、GA 信号传导、根的辐射生长和逆境胁迫响应。研究表明,将克隆的胡杨 *PeSCL7* 在拟南芥上进行表达,能够提高拟南芥的抗盐、抗旱能力。试验中,碱性土壤的甜菜根中 SCL 相比中性土壤的下调表达。锌指蛋白是具有结合锌离子、折叠成手指状结构域的蛋白质,主要作用是调控基因表达。Vogel 发现低温条件下拟南芥中的 ZAT12 能够抑制关键低温胁迫响应转录因子 CBFV 的表达。本书中,碱性土壤的甜菜根中锌指蛋白相比中性土壤的下调表达。

参考文献

[1]张春生. 浅谈土壤酸碱性与合理施肥的关系[J]. 农业开发与装备, 2015 (7): 90.

[2]KELLY A, LINDA G, ELIZABETH H. pH and Alkalinity[J]. URI Watershed Watch, 2004, 3: 1 - 4.

[3]黄昌勇. 土壤学[M]. 北京: 中国农业出版社, 2000.

[4]赵军霞. 土壤酸碱性与植物的生长[J]. 内蒙古农业科技, 2003 (6): 33 - 42.

[5]许中坚, 刘广深, 喻佳栋, 等. 模拟酸雨对红壤结构体及其胶结物影响的实验研究[J]. 水土保持学报, 2002, 16(3): 9 - 11.

[6]甲卡拉铁, 李桂珍, 尧美英, 等. 攀西柠果园土壤 pH 值与有效养分的相关性研究[J]. 中国南方果树, 2011, 40(4): 8 - 12.

[7]HUE N V, LICUDINE D L. Amelioration of subsoil acidity through surface application of organic manures[J]. Journal of Enmronmental Quality, 1999, 28 (2): 623 - 632.

[8]王世强, 胡长玉, 程东华, 等. 调节茶园土壤 pH 对其土著微生物区系及生理群的影响[J]. 土壤, 2011 (1): 76 - 80.

[9]王涵, 王果, 黄颖颖, 等. pH 变化对酸性土壤酶活性的影响[J]. 生态环境, 2008, 17(6): 2401 - 2406.

[10]STADDON W J, TREVORS J T, DUCHESNE L C, et al. Soil microbial diversity and community structure across a climatic gradient in western Canada

[J]. Biodiversity and Conservation, 1998,7(8): 1081 –1092.

[11]WRIGHT R J. Soil alu minum toxicity and plant – growth[J]. Commun Soil Sci Plant Anal,1989, 20: 1479 –1497.

[12]吕焕哲, 王凯荣, 谢小立, 等. 有机物料对酸性红壤铝毒的缓解效应[J]. 植物营养与肥料学报, 2007, 13(4): 637 –641.

[13]DE ALMEIDA N M, DE ALMEIDA A, MANGABEIRA P, et al. Molecular, biochemical, morphological and ultrastructural responses of cacao seedlings to alu minum(Al^{3+})toxicity[J]. Acta Physiol Plant, 2015, 37: 5.

[14]宫家珺, 李剑峰, 安渊. 酸性土壤中铝离子对紫花苜蓿生长和生理的影响 [J]. 中国草地学报, 2008, 30(3): 52 –58.

[15]谢思琴, 周德智, 顾宗镰, 等. 模拟酸雨下土壤中铜、镉行为及急性毒性效 应[J]. 环境科学, 1991, 12(2): 24 –28, 94 –95.

[16]余涛, 杨忠芳, 钟坚, 等. 土壤中重金属元素 Pb、Cd 地球化学行为影响因 素研究[J]. 地学前缘, 2008, 15(5): 67 –73.

[17]姜辉. 不同 pH 碱液浸种对水稻种子发芽的影响[J]. 黑龙江农业科学, 2009(6): 21 –23.

[18]ZHANG P, FU J, HU L. Effects of alkali stress on growth, free a mino acids and carbohydrates metabolism in Kentucky bluegrass (Poa pratensis) [J]. Ecotoxicology, 2012, 21(7): 1911 –1918.

[19]曹增强, 徐莹莹, 张宁, 等. 不同 pH 对蓝莓组培苗生长和元素吸收的影 响[J]. 中国农业大学学报, 2016, 21(2): 50 –57.

[20]ZHONG L Z, MIKIHIRO O, CHRISTINE M F, et al. Scarecrow – like 3 promotes gibberellin signaling by antagonizing master growth repressor DELLA in Arabidopsis[J]. Proc Natl Acad Sci, 2011, 108: 2160 –2165.

[21]MA H S, LIANG D, SHUAI P, et al. The salt – and drought – inducible poplar GRAS protein SCL7 confers salt and drought tolerance in Arabidopsis thaliana[J]. Journal of Experimental Botany, 2010, 61(14): 4011 –4019.

[22]VOGEL J T, ZARKA D G, VAN BUSKIRK H A, et al. Roles of the CBF2 and ZAT12 transcription factors in configuring the low temperature transcriptome of Arabidopsis [J]. The Plant Journal, 2005, 41 (2):

195 – 211.

[23]高金玉，赵仁林，郭太君，等. 土壤不同 pH 值对朝鲜百合生理胁迫的响应[J]. 北方园艺，2014，19：172 – 175.

[24]刘春英. 不同土壤改良剂对烤烟产量和品质的影响[J]. 安徽农学通报，2007，13(21)：54 – 56.

[25]刘爽，王庆成，刘亚丽，等. 土壤 pH 值对脂松苗木膜脂过氧化及内源保护系统的影响[J]. 林业科学，2010，46(2)：152 – 156.

[26]冯建灿，邓建钦，张玉洁，等. 培养液 pH 值对喜树幼苗生长与 SOD 活性、脯氨酸和叶绿素含量的影响[J]. 经济林研究，2001，19(3)：6 – 9.

[27]康洪梅，张珊珊，杨文忠，等. 土壤 pH 值对极小种群毛枝五针松生理特性的影响[J]. 东北林业大学学报，2016，44(6)：4 – 6，10.

[28]YANG C W, WANG P, LI C Y, et al. Comparison of effects of salt and alkali stresses on the growth and photosynthesis of wheat[J]. Photosynthetica, 2008, 46(1)：107 – 114.

[29] KHABAZ – SABER H, SETTER T L, WATERS I, et al. Waterlogging induces high to toxic concentrations of iron, aluminum, and manganese in wheat varieties on acidic soil[J]. Journal of Plant Nutrition, 2006, 29(5)：899 – 911.

[30]CHEN W C, CUI P J, SUN H Y, et al. Comparative effects of salt and alkali stresses on organic acid accumulation and ionic balance of seabuckthorn (*Hippophae rhamnoides* L.)[J]. Industrial crops and products, 2009, 30：351 – 358.

[31]DOMON B, AEBERSOLD R. Mass spectrometry and protein analysis[J]. Science, 2006, 312(5771)：212 – 217.

[32]BILAL A, MADIHA B, MUHAMMAD A N, et al. Proteomics：technologies and their applications[J]. Journal of Chromatographic Science, 2017, 55(2)：182 – 196.

[33]WU Y Q, MEHDI M, BRIAN J A, et al. Label – free and isobaric tandem mass tag(TMT)multiplexed quantitative proteomic data of two contrasting rice cultivars exposed to drought stress and recovery[J]. Data in Brief, 2019, 22

(1)：697 - 702.

[34]DONG Z Y, CHEN Z X, WANG H B, et al. Tandem mass tag – based quantitative proteomics analyses reveal the response of *Bacillus licheniformis* to high growth temperatures [J]. Annals of Microbiology, 2017, 67 (7)：501 - 510.

[35]秦晓梅. 低 pH 和铝胁迫下拟南芥蛋白质组比较分析及铝胁迫下 *AtATRFl* 基因的功能研究[D]. 长春：吉林大学, 2017.

[36]祁忠达. 基于 TMT 技术筛选汞胁迫下水稻根尖组织差异蛋白及生物信息学分析[D]. 贵阳：贵州医科大学, 2019.

[37]LIU H, WANG Q Q, YU M M, et al. Transgenic salt – tolerant sugar beet (*Beta vulgaris* L.) constitutively expressing an *Arabidopsis thaliana* vacuolar Na$^+$/H$^+$ antiporter gene, *AtNHX3*, accumulates more soluble sugar but less salt in storage roots [J]. Plant, Cell & Environment, 2008, 31 (9)：1325 - 1334.

[38]SETIAWAN A, KOCH G, BARNES S R, et al. Mapping quantitative trait loci (QTLs) for resistance to Cercospora leaf spot disease (*Cercospora beticola* Sacc.) in sugar beet(*Beta vulgaris* L.)[J].

[39]CAI D, KLEINE M, KIflE S, et al. Positional cloning of a gene for nematode resistance in sugar beet[J]. Science, 1997, 275(5301)：832 - 834.

[40]SCHWAMBERGER E C, SIMS J L. Effects of soil pH, nitrogen source, phosphorus, and molybdenum on early growth and mineral nutrition of burley tobacco[J]. Communications in Soil Science and Plant Analysis, 1991, 22：641 - 657.

[41]GOLDBERG D E. Effects of soil pH, competition, and seed predation on the distributions of two tree species[J]. Ecological Society of America, 1985, 66 (2)：232 - 249.

[42]施展, 王丽洁, 周蒙, 等. 土壤酸碱性对金铁锁种子萌发及幼苗生长的影响[J]. 种子, 2015, 34(12)：73 - 75.

[43]伍杰, 刘燕云, 兰常军, 等. 土壤 pH 值对康定木兰幼苗生长的影响[J]. 四川林业科技, 2017, 38(3)：88 - 92.

［44］金义兰，左群，陈建祥，等. 4 种药材对不同土壤酸碱度适应性研究初报
　　　［J］. 安徽农业科学，2013，41（13）：5707 － 5709.

［45］何坤，袁玉波. 土壤酸度调节对烤烟生长和烟叶品质的影响［J］. 湖南农
　　　业科学，2014（7）：8 － 40，44.

［46］ZOU C，SANG L，GAI Z，et al. Morphological and physiological responses of
　　　sugar beet to alkaline stress［J］. Sugar Tech，2018，20（2）：202 － 211.

［47］BEATRYCZE N，JOANNA C，RENATA S，et al. Improving photosynthesis，
　　　plant productivity and abiotic stress tolerance － current trends and future
　　　perspectives［J］. Journal of Plant Physiology，2018，231：415 － 433.

［48］TAN D X，HARDELAND R，MANCHESTER L C，et al. Functional roles of
　　　melatonin in plants，and perspectives in nutritional and agricultural science
　　　［J］. Journal of Experimental Botany，2012，63：577 － 597.

［49］冯建灿，邓建钦，张玉洁，等. 培养液 pH 值对喜树幼苗生长与 SOD 活性、
　　　脯氨酸和叶绿素含量的影响［J］. 经济林研究，2001，19（3）：6 － 10.

［50］王思远，崔喜艳，陈展宇，等. 土壤 pH 值对烤烟叶片光合特性及体内保
　　　护酶活性的影响［J］. 华北农学报，2005，20（6）：11 － 14.

［51］刘爽，王庆成，刘亚丽，等. 土壤酸度对脂松苗木光合和叶绿素荧光的影
　　　响［J］. 应用生态学报，2009，20（2）：2905 － 2910.

［52］徐呈祥，郭峰，马艳萍. 土壤 pH 对蓝莓扦插苗和嫁接苗生长、光合作用及
　　　矿质元素含量的影响［J］. 广东农业科学，2016，43（11）：56 － 63.

［53］张运刚，周玲玲，王平，等. pH 对黄瓜子叶雌花诱导中的生理生化影响
　　　［J］. 北方园艺，2008（5）：5 － 7.

［54］YANG C W，JIANAER A，LI C Y，et al. Comparison of the effects of salt －
　　　stress and alkaline － stress on photosynthesis and energy storage of an alkali －
　　　resistant halophyte *Chloris virgata*［J］. Photosynthetica，2008，46（2）：273 －
　　　278.

［55］MINER G L，BAUERLE W L，BALDOCCHI D D. Estimating the sensitivity of
　　　stomatal conductance to photosynthesis：a review［J］. Plant，Cell &
　　　Environment，2017，40（7）：1214 － 1238.

［56］GURURANI M A，VENKATESH J，TRAN L S P. Regulation of photosynthesis during abiotic stress – induced photoinhibition[J]. Molecular Plant, 2015, 8 (9): 1304 – 1320.

[57] LIU J X, ZHOU G Y, YANG C W, et al. Responses of chlorophyll fluorescence and xanthophyll cycle in leaves of *Schima superba* Gardn. & Champ. and *Pinus massoniana* Lamb. to simulated acid rain at Dinghushan Biosphere Reserve, China[J]. Acta Physiologiae Plantarum, 2007, 29: 33 – 38.

[58] GUO R, YANG Z Z, LI F, et al. Comparative metabolic responses and adaptive strategies of wheat (*Triticum aestivum*) to salt and alkali stress[J]. BMC Plant Biology, 2015, 15: 170.

[59] BOR M, ZDEMIR F, RKAN I. The effect of salt stress on lipid peroxidation and antioxidants in leaves of sugar beet *Beta vulgaris* L. and wild beet *Beta maritima* L. [J]. Plant Science, 2003, 164(1): 77 – 84.

[60] BELA K, E HORVÁTH, ÁGNES GALLÉ, et al. Plant glutathione peroxidases: emerging role of the antioxidant enzymes in plant development and stress responses[J]. Journal of Plant Physiology, 2015, 176: 192 – 201.

[61] GARG N, MANCHANDA G. ROS generation in plants: boon or bane? [J]. Plant Biosystems, 2009, 143: 81 – 96.

[62] GRATÃO P L, POLLE A, LEA P J, et al. Making the life of heavy metalstressed plants a little easier[J]. Functional Plant Biology, 2005, 32: 481 – 494.

[63] MITTLERR. Oxidative stress, antioxidants and stress tolerance[J]. Trends in Plant Science, 2002, 7: 405 – 410.

[64] 赵则海, 李佳倩, 梁盛年, 等. 不同 pH 值对裂叶牵牛种子萌发和幼苗生长的影响[J]. 肇庆学院学报, 2009, 30(2): 44 – 47.

[65] BISWOJIT D, MUBASHER H, MUHAMMAD I, et al. Exogenous melatonin mitigates acid rain stress to tomato plants through modulation of leaf ultrastructure, photosynthesis and antioxidant potential[J]. Molecules, 2018, 23: 388 – 402.

[66] HU G F, LIU Y M, DUO T Q, et al. Antioxidant metabolism variation

associated with alkali – salt tolerance in thirty switchgrass (*Panicum virgatum*) lines[J]. PLoS ONE, 2018, 13(6): 407.

[67] SONG T T, XU H H, SUN N, et al. Metabolomic analysis of alfalfa (*Medicago sativa* L.) root – symbiotic rhizobia responses under alkali stress [J]. Frontiers in Plant Science, 2017, 8: 1208.

[68] HARE P D, CRESS W A, STADEN J V. Dissecting the roles of osmolyte accumulation during stress[J]. Plant Cell Environ, 2010, 21: 535 – 553.

[69] CHEN C, DICKMAN M B. Proline suppresses apoptosis in the fungal pathogen *Colletotrichum trifolii*[J]. Proceedings of the National Academy of Sciences of the United States of America, 2005, 102: 3459 – 3464.

[70] LESS H, GALILI G. Principal transcriptional programs regulating plant a mino acid metabolism in response to abiotic stresses[J]. Plant Physiol, 2008, 147: 316 – 330.

[71] TROVATO M, MATTIOLI R, COSTANTINO P. Multiple roles of proline in plant stress tolerance and development[J]. Rendiconti Lincei, 2008, 19: 325 – 346.

[72] 刘光玲, 陈荣发, 田富桥, 等. 不同 pH 值对甘蔗幼苗生长和生理特性的影响[J]. 南方农业学报, 2011, 42(4): 380 – 383.

[73] ZHOU Q, HUANG X H, LIU X L. Stress effects of simulant acid rain on three woody plants[J]. Huanjing Kexue, 2002, 23(5): 42 – 46.

[74] 路文静. 植物生理学[M]. 北京: 中国林业出版社, 2011.

[75] DE DIEGO N, RODRÍGUEZ J L, DODD I C, et al. Immunolocalization of IAA and ABA in roots and needles of radiata pine (*Pinus radiata*) during drought and rewatering[J]. Tree Physiology, 2013, 33: 537 – 549.

[76] 周青, 张晓刚, 韩晓鹰. 植物胁迫激素的生理生态作用[J]. 生物学通报, 1995, 30(9): 12 – 14.

[77] 陈丹, 刘延吉, 吴阔. 盐胁迫对碱茅幼苗叶片内源激素的影响[J]. 安徽农业科学, 2007, 35(12): 3476 – 3477.

[78] 师刚强, 赵艺, 施泽明, 等. 土壤 pH 值与土壤有效养分关系探讨[J]. 现代农业科学, 2009, 16(5): 93 – 94, 88.

[79]蒋琪, 高智席, 吕朝燕, 等. 植物耐铝毒作用机制研究进展[J]. 南方农业, 2016, 10(18): 211-213, 215.

[80]章艺, 史锋, 刘鹏, 等. 土壤中的铁及植物铁胁迫研究进展[J]. 浙江农业学报, 2004, 16(2): 60-64.

[81]夏龙飞, 宁松瑞, 蔡苗. 酸性土壤植物锰毒与修复措施研究进展[J]. 绿色科技, 2017, 6(12): 26-29, 34.

[82]韩官运, 邓先保, 蒋诚, 等. 植物铝毒害的产生及防治研究进展[J]. 福建林业科技, 2007, 34(2): 174-179.

[83]巩丽, 刘振东, 高晗, 等. 微量元素过量对农作物的危害[J]. 现代农业科技, 2017, 8: 132-134.

[84]FIERENS E, ROMBOUTS S, GEBRUERS K, et al. TLXI, a novel type of xylanase inhibitor from wheat (*Triticum aestivum*) belonging to the thaumatin family[J]. Biochemical Journal, 2007, 403(3): 583-591.

[85]DAGAR A, FRIEDMAN H, LURIE S. Thaumatin-like proteins and their possible role in protection against chilling injury in peach fruit[J]. Postharvest Biology and Technology, 2010, 57(2): 77-85.

[86]KUMAR S N, RAJESHK K R, DILIP K, et al. Characterization of a pathogen induced thaumatin-like protein gene AdTLP from *Arachis diogoi*, a wild peanut[J]. PLoS ONE, 2013, 8(12): e83963-e83963.

[87]FAHY D, SANAD M N, DUSCHA K, et al. Impact of salt stress, cell death, and autophagy on peroxisomes: quantitative and morphological analyses using small fluorescent probe N-BODIPY[J]. Scientific Reports, 2017, 7(1): 478-186.

[88]WANG M C, PENG Z Y, LI C L, et al. Proteomic analysis on a high salt tolerance introgression strain of *Triticum aestivum/Thinopyrum ponticum*[J]. Proteomics, 2010, 8: 1470-1489.

[89]SONG H M, FAN P X, LI Y X. Overexpression of organellar and cytosolic AtHSP90 in *Arabidopsis Thaliana* impairs plant tolerance to oxidative stress[J]. Plant Molecular Biology Reporter, 2009, 27: 342-349.

[90]PI E X, QU L Q, HU J W, et al. Mechanisms of soybean roots tolerances to

salinity revealed by proteomic and phosphoproteomic comparisons between two cultivars[J]. Molecular & Cellular Proteomics, 2016, 15: 266 – 288.

[91] KAWAMURA Y, UEMURA M. Mass spectrometric approach for identifying putative plasma membrane proteins of *Arabidopsis* leaves associated with cold acclimation[J]. The Plant Journal, 2003, 36: 141 – 154.

[92] ABO O A, CARSJENS C, DIEKMANN H, et al. Temperature – induced lipocalin(TIL) is translocated under salt stress and protects chloroplasts from ion toxicity[J]. Journal of Plant Physiology, 2014, 171(3 – 4): 250 – 259.

[93] COMPTON S L, BEHREND E N. PRAF1: a Golgi complex transmembrane protein that interacts with viruses[J]. Biochemistry and Cell Biology, 2006, 84: 940 – 948.

[94] ZHONG H, ANDRIANOV V M, YU H, et al. Identification of *Arabidopsis* proteins that interact with the cauliflower mosaic virus (CaMV) movement protein[J]. Plant Molecular Biology, 2001, 47: 663 – 675.

[95] LAI Y, ZHANG D Q, WANG J M, et al. Integrative transcriptomic and proteomic analyses of molecular mechanism responding to salt stress during seed germination in hulless barley [J]. International Journal of Molecular Sciences, 2020, 21: 359 – 372.

[96] FRASCONI M, CHICHIARELLI S, GAUCCI E, et al. Interaction of ERp57 with calreticulin: analysis of complex formation and effects of vancomycin[J]. Biophysical Chemistry, 2012, 60: 46 – 53.

[97] DENECKE J. The tobacco homolog of mammalian calreticulin is present in protein complexes in vivo[J]. The Plant Cell, 1995, 7: 391 – 406.

[98] CHEN F, HAYES P M, MULROONEY D M, et al. Identification and characterization of cDNA clones encoding plant calreticulin in barley[J]. The Plant Cell, 1994, 6: 835 – 843.

[99] DRESSELHAUS T, HAGEL C, LORST H, et al. Isolation of a full – length cDNA encoding calreticulin from a PCR library of in vitro zygotes of maize[J]. Plant Molecular Biology, 1996, 31: 23 – 34.

[100] CAO M J, WANG Z, ZHAO Q, et al. Sulfate availability affects ABA levels

and ger mination response to ABA and salt stress in *Arabidopsis thaliana*[J].
Plant J, 2014, 77: 604 –615.

[101] VISHWAKARMA K, MISHRA M, PATIL G, et al. Avenues of the membrane transport system in adaptation of plants to abiotic stresses[J]. Critical Reviews in Biotechnology, 2019, 39: 861 –883.

[102] BENDALL D S, MANASSE R S. Cyclic photophosphorylation and electron transport[J]. Biochim Biophys Acta, 1995, 1229: 23 –38.

[103] WANG P, DUAN W, TAKABAYASHI A, et al. Chloroplastic NAD(P)H dehydrogenase in tobacco leaves functions in alleviation of oxidative damage caused by temperature stress[J]. Plant Physiology, 2006, 141: 465 –474.

[104] SELTMANN M A, STINGL N E, LAUTENSCHLAEGER J K, et al. Differential impact of lipoxygenase 2 and jasmonates on natural and stress – induced senescence in *Arabidopsis*[J]. Plant Physiology, 2010, 152(4): 1940 –1950.

[105] 石延霞, 于洋, 傅俊范, 等. 病原菌诱导后黄瓜叶片中脂氧合酶活性与茉莉酸积累的关系[J]. 植物保护学报, 2008, 35(6): 486 –490.

[106] 范艳玲, 李新岗, 韩颖, 等. 虫害挥发物对邻近枣树直接防御反应的激发作用[J]. 西北农林科技大学学报(自然科学版), 2010, 38(5): 106 –110.

[107] 葛云侠, 姚允聪, 张杰, 等. 干旱胁迫对杏脂氧合酶活性的影响[J]. 果树学报, 2007, 24(1): 102 –104.

[108] ELKAHOUI S, HERNÁNDEZ J A, ABDELLY C, et al. Effects of salt on lipid peroxidation and antioxidant enzyme activities of *Catharanthus roseus* suspension cells[J]. Plant Science, 2005, 168(3): 607 –613.

[109] ALI M B, HAHN E J, PAEK K Y. Effects of temperature on oxidative stress defense systems, lipid peroxidation and lipoxygenase activity in *Phalaenopsis*[J]. Plant Physiology and Biochemistry, 2005, 43(3): 213 –223.

[110] CHEN L T, LUO M, WANG Y Y, et al. Involvement of *Arabidopsis histone* deacetylase HDA6 in ABA and salt stress response [J]. Journal of Experimental Botany, 2010, 61(12): 3345 –3353.

[111] ZHAO L, WANG P, YAN S H, et al. Promoter – associated histone acetylation is involved in the osmotic stress – induced transcriptional regulation of the maize ZmDREB2A gene[J]. Physiologia Plantarum, 2014, 151(4): 459 – 467.

[112] WENG M J, YANG Y, FENG H Y, et al. Histone chaperone ASF1 is involved in gene transcription activation in response to heat stress in *Arabidopsis thaliana*[J]. Plant Cell and Environment, 2014, 37(9): 2128 – 2138.

[113] BOMONT P, CAVALIER L, BLONDEAU F, et al. The gene encoding gigaxonin, a new member of the cytoskeletal BTB/kelch repeat family, is mutated in giant axonal neuropathy[J]. Nature Genetics, 2000, 26(6): 370 – 374.

[114] CHO E J, KOBOR M S, KIM M, et al. Opposing effects of Ctkl kinase and Fcpl phosphatase at Ser 2 of the RNA polymerase Ⅱ C – ter minal domain [J]. Genes & Development, 2001, 15(24): 3319 – 3329.

[115] JIANG J F, WANG B S, SHEN Y, et al. The *Arabidopsis* RNA binding protein with K homology motifs, SHINY1, interacts with the C – terminal domain phosphatase – like 1 (CPL1) to repress stress – inducible gene expression[J]. PLoS Genetics, 2013, 9: e1003625.

[116] GUAN Q M, YUE X L, ZENG H T, et al. The protein phosphatase RCF2 and its interacting partner NAC019 are critical for heat stress – responsive gene regulation and thermotolerance in *Arabidopsis*[J]. Plant Cell, 2014, 26 (1): 438 – 453.

[117] LARSON T J, EHRMANN M, BOOS W. Periplasmic glycerophosphodiester phosphodiesterase of *Escherichia coli*, a new enzyme of the glp regulon[J]. J Biol Chem, 1983, 258(9): 5428 – 5432.

[118] 王欣. 拟南芥 *AtGDPD5* 基因在低磷环境下功能的研究[D]. 东北林业大学, 2011.

[119] 孙国荣, 王建波, 曹文钟, 等. Na$_2$CO$_3$ 胁迫下星星草幼苗叶绿体 GST 活性变化及其与相关指标的关系[J]. 西北植物学报, 2005, 25(12):

2495 – 2501.

[120]JEPSON I, LAY V J, HOLT D C, et al. Cloning and characterization of maize herbicide safener – induced cDNAs encoding subunits of glutathione srtransferase isoform Ⅰ, Ⅱ and Ⅳ[J]. Plant Molecular Biology, 1994, 26 (6): 1855 – 1866.

[121]TIAN Z, LIU J, XIE C, et al. Cloning of potato POTHR – 1 gene and its expression in response to infection by *Phytophthora infestans* and other abiotic stimuli[J]. Acta Botanica Sinica, 2003, 45(8): 959 – 965.

[122]GUO D, CHEN F, INOUE K, et al. Downregulation of caffeic acid 3 – O – methyltransferase and caffeoyl CoA3 – O – methyltransferase in transgenic alfalfa: impacts on lignin structure and implications for the biosynthesis of G and S lignin[J]. The Plant Cell Online, 2001, 13(1): 73 – 88.

[123]HUANG J, PANG C Y, FAN S L, et al. Genome – wide analysis of the family 1 glycosyltransferases in cotton[J]. Molecular Genetics and Genomics, 2015, 290(5): 1805 – 1818.

[124] WARRICK H M, SPUDICH J A. Myosin structure and function in cell motility[J]. Annu Rev Cell Biol, 1987, 3: 379 – 421.

[125]SUGINO Y, TERAOKA H, SHIMONO H. Metabolism of deoxyribonucleotides. I. Purification and properties of deoxycytidine monophosphokinase of calf thymus[J]. The Journal of Biological Chemistry, 1996, 241: 961 – 969.

[126]LEE D H, BOURDAIS G, YU G, et al. Phosphorylation of the plant immune regulator RPM1 – INTERACTING PROTEIN4 enhances plant plasma membrane H⁺ – ATPase activity and inhibits flagellin – triggered immune responses in *Arabidopsis*[J]. The Plant Cell, 2015, 27(7): 2042 – 2056.

[127] MIKAMI K, KATAGIRI T, IUCHI S, et al. A gene encoding phosphatidylinositol – 4 – phosphate 5 – kinase is induced by water stress and abscisic acid in *Arabidopsis thaliana*[J]. Plant J, 1998, 15: 563 – 568.

[128]DEEKS M J, HUSSEY P J, DAVIES B. Formins: intermediates in signal – transduction cascades affect cytoskeletal reorganization[J]. Trends in Plant Science, 2002, 7: 492 – 498.

[129] 李富华. 玉米丝氨酸/苏氨酸蛋白磷酸酶 2C 基因 *ZmPP2Cα* 的克隆及其在干旱胁迫下的表达特性[D]. 四川农业大学, 2007.

[130] LUDWIG A A, ROMEIS T, JONES J D. CDPK – mediated signalling pathways: specificity and cross – talk[J]. Journal of Experimental Botany, 2004, 55: 181 – 188.

[131] 曾后清, 张夏俊, 张亚仙, 等. 植物类钙调素生理功能的研究进展[J]. 中国科学(生命科学), 2016, 46: 705 – 715.

[132] YIN X M, HUANG L F, ZHANG X, et al. OsCML4 improves drought tolerance through scavenging of reactive oxygen species in rice[J]. Journal of Plant Biology, 2015, 58: 68 – 73.

[133] VANDERBELD B, SNEDDEN W A. Developmental and stimulus – induced expression patterns of *Arabidopsis* calmodulin – like genes CML37, CML38 and CML39[J]. Plant Molecular Biology, 2007, 64: 683 – 697.

[134] BALL A T. Phosphoinositides: tiny lipids with giant impact on cell regulation [J]. Physiollgical Reviews, 2013, 93: 1019 – 1137.

[135] MUELLER R B, PICAL C. Inositol phospholipid metabolism in *Arabidopsis*. characterized and putative isoforms of inositol phospholipid kinase and phosphoinositide – specific phospholipase C[J]. Plant Physiolog, 2002, 130: 22 – 46.

[136] 叶冰莹, 薛婷, 陈玲, 等. 甘蔗不同组织丝氨酸/苏氨酸蛋白激酶基因家族的表达分析[J]. 中国酿造, 2013, 32(8): 75 – 80.

[137] 王宇光. 甜菜 M14 品系半胱氨酸蛋白酶抑制剂基因功能的研究[D]. 黑龙江大学, 2011.

[138] SAAB I N, SACHS M M. A flooding – induced xyloglucan endo – transglycosylase homolog in maize in responsive to ethylene and associated with aerenchyma[J]. Plant Physiology, 1996, 112: 385 – 391.

[139] HAN Y S, WANG W, SUN J, et al. Populus euphratica XTH overexpression enhances salinity tolerance by the development of leaf succulence in transgenic tobacco plants[J]. J Exp Bot, 2013, 64(14): 4225 – 4238.

[140] 李飞, 王晓磊, 徐永清, 等. 低温处理下东农冬麦 1 号小麦根组织 EXPA

基因的表达分析[J]. 麦类作物学报, 2016, 36(9): 1159 – 1166.

[141] VESELOV D S, SABIRZHANOVA I B, SABIRZHANOV B E, et al. Changes in expansin gene expression, IAA content, and extension growth of leaf cells in maize plants subjected to salinity[J]. Russ J Plant Physiol, 2008, 55(1): 101 – 106.

[142] GUO Y, XIONG L M, ISHITANI M, et al. An *Arabidopsis* mutation in translation elongation factor 2 causes superinduction of CBF/DREB1 transcription factor genes but blocks the induction of their downstream targets under low temperatures[J]. Proceedings of the National Academy of Sciences, 2002, 99(11): 7786 – 7791.

[143] KIM K Y, PARK S W, CHUNG Y S, et al. Molecular cloning of low – temperature – inducible ribosomal proteins from soybean[J]. Journal of Experimental Botany, 2004, 55(399): 1153 – 1155.

[144] 王立丰, 王纪坤, 安锋, 等. 巴西橡胶树核糖体蛋白 *HbRPL*14 基因逆境响应机制[J]. 西南林业大学学报, 2016, 36(2): 67 – 71, 77.

[145] 郭启芳. 改善泛素系统提高植物逆境适应性研究[D]. 山东农业大学, 2007.

[146] 秘彩莉, 刘旭, 张学勇. F – box 蛋白质在植物生长发育中的功能[J]. 遗传, 2006, 28(10): 1337 – 1342.

[147] ZHOU S M, SUN X D, YIN S H, et al. The role of the F – box gene TaFBA1 from wheat(*Triticum aestivum* L.)in drought tolerance[J]. Plant Physiology and Biochemistry, 2014, 84: 213 – 223.

[148] ZHAO Z X, ZHANG G Q, ZHOU S M, et al. The improvement of salt tolerance in transgenic tobacco by overexpression of wheat F – box gene TaFBA1[J]. Plant Science, 2017, 259: 71 – 85.

[149] BEVILACQUA C B, BASU S, PEREIRA A, et al. Analysis of stress – responsive gene expression in cultivated and weedy rice differing in cold stress tolerance[J]. PLoS ONE, 2015, 10(7): 1 – 22.

第二篇

甜菜响应低温胁迫的生理机制与蛋白质组学分析

1　相关研究

　　温度是影响植物生长发育和位置分布的重要生态因子之一,温度过低或者过高都会对植物的生长和代谢造成影响,但低温胁迫对植物造成的危害远远大于高温胁迫,因此研究植物抗低温胁迫具有重要的现实意义。低温胁迫主要影响膜的流动性和细胞的整体代谢水平,使植物多种生理活动受到抑制,甚至会在植物细胞内形成冰晶,对植物造成严重的机械损伤,导致植物体的死亡。

1.1　低温胁迫对植物形态的影响

　　低温胁迫下,植物的形态会发生明显变化,轻度低温胁迫会影响植物生长,降低植物产量,重度低温胁迫则会使植株叶片发生褐变,表现为水渍透明状,还会导致植物叶片、叶柄软化,组织柔软、萎蔫皱缩,出现脱水现象。

　　研究表明,植物内部组织结构与其在低温胁迫下的耐受性具有重要关系。许瑛等人发现抗寒性强的菊花品种叶片较厚,细胞间空隙较小,栅栏组织比较多,而抗寒性弱的菊花品种叶片较薄,细胞间隙大,栅栏组织少。杨宁宁等人发现抗寒性强的冬油菜于苗期呈现为匍匐生长,栅栏组织与海绵组织比值小。曹红星等人研究椰树叶片得出了相同结论。尤扬等人通过透射电子显微镜观察桂花叶片细胞发现,低温处理除了会使叶肉细胞内形成冰晶外,还会使细胞内叶绿体发生肿胀,随着温度逐渐降低,肿胀会加剧。同时,相比 0 ℃处理, -5 ℃处理下植株叶片细胞中线粒体以及溶酶体数量增加得更多。

1.2 植物响应低温胁迫的生理机制的研究进展

1.2.1 细胞膜系统与抗寒性

生物膜是保护细胞免受伤害的屏障,也是最先感受到低温的部位,膜脂的组成、结构和代谢过程与抗寒性密切相关。低温胁迫造成细胞膜的膜相改变(由流动的液态转变为凝胶态),使膜上结合蛋白的结构被破坏,进而导致细胞的代谢紊乱。研究表明,质膜透性与低温胁迫程度呈正相关关系,在一定范围内,质膜透性随着低温胁迫程度的增加而增加,但当温度过低时,质膜完全被破坏,质膜透性便不再增加。一般而言,相同程度的低温胁迫下,不同品种的质膜透性表现不同,抗寒植物的质膜透性增加的速度、幅度均低于敏感植物,并且在低温胁迫解除后,抗寒植物的质膜透性能够逐渐恢复,抗寒植物可以继续进行正常的生长发育,而敏感植物则相反,因此质膜透性可以用来评价植物抗寒性。

大量研究表明,低温胁迫下,强抗寒品种相对电导率较低,电解质外渗程度低,质膜稳定性较高。马娟娟等人通过逐级降温的方法研究了 4 种北美冬青的抗寒性,发现抗寒性最强的品种"Oosterwijk"相对电导率最低,而抗寒性较弱的品种"Winter Gold"相对电导率较高。王惠芝等人对 14 个海棠品种的抗寒性进行了研究,根据细胞膜透性的大小,利用 Logistic 方程进程拟合,确定了各品种抗寒性的强弱。可以通过相对电导率评价细胞质膜透性水平,这在苹果、桃、三角梅等植物中已得到验证。

低温等逆境会打破植物体的 ROS 平衡,多余的 ROS 会造成植物细胞的氧化损伤。ROS 簇能够破坏细胞成分,如质膜、蛋白质、脂类及核酸等。ROS 自由基发生过氧化反应的终产物是具有细胞毒性的丙二醛,丙二醛能加剧细胞膜损伤,并能与蛋白质、核酸发生反应,使之丧失功能。因而丙二醛含量可以间接反映出细胞损伤程度。

1.2.2　抗氧化系统与抗寒性

SOD 是能够通过歧化反应清除 ROS 的保护酶，是细胞清除 ROS 的首道防线。CAT 用来清除多余的 ROS，而 POD 则主要用来清除 H_2O_2。研究表明，SOD和 CAT 主要在胁迫前期和中期发挥保护作用，而 POD 则主要作用于低温胁迫的中后期。低温胁迫下，谷胱甘肽还原酶（GR）以及 APX 也发挥一定的保护作用，多种保护酶会相互配合、协调作用，共同帮助植物适应和抵抗低温逆境。由于基因型的差异，不同品种植株的耐寒能力不同，一般抗寒能力强的品种的抗氧化酶活性较高，反之亦然。如田丹青等人对 3 个红掌品种的抗寒性进行了比较，发现低温胁迫下，品种"阿拉巴马" SOD、CAT 和 POD 活性均为最高，"大哥大"和"粉冠军"抗氧化酶活性变化相对较小且不规律，而综合指标显示品种"阿拉巴马"抗寒性最强、"粉冠军"最差。

1.2.3　渗透调节系统与抗寒性

逆境胁迫下，渗透调节物质对于维持细胞膨压、调整正常代谢具有重要作用，它们能够在低温胁迫下维持较高水平，用于降低冰点、提高植物的抗寒性。

脯氨酸具有较强的水合能力，是一种理想的有机渗透调节物质，低温胁迫时主要表现为具有平衡细胞代谢、调节渗透压等作用。脯氨酸不仅能够为细胞恢复提供能量，还能够激发多种抗氧化酶活性，减少细胞的氧化损伤，对植物体的逆境解除和恢复有重要作用。低温条件下，提高植物体内的脯氨酸含量能够提高组织液浓度，保护原生质体，维持质膜的稳定性。研究已证明，在低温、干旱、盐渍等逆境胁迫下，多种植物体内游离脯氨酸含量升高。对 5 种桉树幼苗叶片内游离脯氨酸含量进行研究，发现低温处理后，不同品种桉树脯氨酸含量变化趋势一致，均为上升趋势，但变化幅度有较大差异。

黄伟超等人观察到低温胁迫下，玉米幼苗内可溶性糖含量升高。张南、王淑杰等人发现低温胁迫下菠菜、葡萄中可溶性蛋白含量和可溶性糖含量随着温度的降低而升高，且耐寒性强的品种变化幅度较大。

1.2.4 光合系统与抗寒性

植物的叶片是最容易受到低温等逆境因子影响的部位,低温会使植物叶片表现出萎蔫、褪绿甚至脱落现象,抑制叶绿素的正常合成,造成光合速率、生长速率下降等危害。研究表明,低温胁迫下,植物叶绿素的合成会受到不同程度的抑制,主要是因为低温环境使叶绿体内部各种色素合成酶的活性降低以及低温导致叶绿体正常结构遭到破坏,从而不能发挥正常生理功能。在逆境下作物光合作用变化可以通过光合参数体现。武辉等人研究发现在较低程度的低温胁迫下,棉花叶片的多项光合参数如净光合速率、实际光化学速率、最大光化学速率等变化较小且具有可逆性,随着低温胁迫解除叶片光合参数能够逐渐恢复到正常水平,温度继续降低可能会导致光合系统被完全破坏。沈立明等人对 4 种广义虾脊兰属植物的研究表明,低温条件下植物的最大净光合速率、气孔导度和蒸腾速率均显著降低,且植物对光强敏感性增加,容易出现光抑制现象。

1.2.5 植物激素与抗寒性

ABA 是植物体内抵御干旱、盐、低温等各种非生物胁迫的一种天然激素。作为典型的"逆境激素",ABA 不仅能够促进植物细胞气孔关闭,减少蒸腾作用消耗,维持细胞水势,还能够诱导抗氧化系统启动,提高多种保护酶活性,进而提高植物抗寒性。研究表明,逆境条件下,ABA 信号传导途径能够诱导 *RAB*18、*RD*22、*RD*29 等多种基因表达。GA_3 作为生长促进类激素,也是启动抗寒基因表达的重要因子之一,研究表明,低温胁迫下,植物通过降低 GA_3 含量,减慢植物生长速度,进而适应低温逆境,低温胁迫程度与植物内源 GA_3 含量有明显的负相关关系。

研究表明,植物各内源激素之间的平衡与抗寒性有重要关系,当 ABA/GA_3 较大时,植株的抗寒性也相对较强。低温条件下,不同品种、不同部位中,激素含量变化不尽相同,大多为抗寒品种中内源 ABA 含量高于敏感品种,而内源 GA_3 含量低于敏感品种。

1.2.6　植物响应低温胁迫的生理机制与相关蛋白质研究

低温胁迫下,多种抗逆相关蛋白可以直接或间接作为信号分子,将低温信号传递给下游目标基因,这些蛋白质包括钙调蛋白、CPK、HSP、胚胎后期丰富蛋白(LEA)、抗冻蛋白(AFP)等。

目前,低温信号传导途径研究得比较清楚的是 ICE – CBF – COR 冷调节通路。研究发现,*COR* 基因在低温胁迫下大量表达,且能够参与编码多种抗冻蛋白以及生物保护剂。低温条件下,AtCOR15 蛋白能够折叠成亲水亲脂的 α – 螺旋结构,与单半乳糖苷二酰基甘油(MGDG)的头部形成氢键,从而维持细胞膜结构的稳定。在拟南芥基因组中发现 *CBF* 基因分为 *CBF*1、*CBF*2、*CBF*3,其中任意一个基因的过表达转基因植株都表现出下游低温调节基因表达水平的变化。

转录水平的调控在植物低温胁迫响应中发挥着重要作用,研究较多的调节逆境反应的转录因子有 MYB、NAC、ERF、bZIP 和 WRKY 等。MYB 能够参与类黄酮的合成代谢过程,而类黄酮能够在植物体中不断积累,提高植物的抗寒性。MAP 级联途径中的 LeMAPK4、OsMAPK3、OsMAPK6、OsMKK6 和 MsMKK2 参与了对低温胁迫的响应。OsMKK6 在体外可以与 OsMAPK3 和 OsMAPK6 互作,过量表达 OsMKK6 转基因水稻对低温胁迫的抗性增强。

miRNA 是具有调控功能的非编码 RNA,广泛存在于真核生物中,研究人员发现,有多种 miRNA 参与植物的低温感应、信号传导和适应过程。如 miR167/168、miR156/165、miR393/394/395 等响应低温胁迫,miR397 和 miR160 在拟南芥和水稻中都能响应低温胁迫。

1.3　甜菜响应低温胁迫的研究进展

韩振津发现子叶期幼苗能耐较短时间 0 ~ – 1 ℃ 的低温,一对真叶期幼苗能耐较长时间 – 3 ℃ 的低温,两对真叶期幼苗能耐较长时间 – 6 ℃ 的低温。

前期研究发现甜菜能够抵抗一定程度的低温。为了进一步了解甜菜响应低温胁迫的生理机制,以抗寒品种 BISON PLUS 和敏感品种 MELINDIA(经过 3 年田间试验筛选获得)为研究材料,进行短期低温胁迫处理及恢复培养处理,并对两个品种进行形态、生理以及蛋白组学的比较。研究不同低温胁迫下两个甜菜品种生理指标及差异表达蛋白之间的差异,阐明甜菜抗寒性生理机制,为后续筛选抗寒差异表达蛋白,选育优良品种,提高甜菜抗寒性奠定基础。

2　材料与方法

2.1　预试验

前期根据大田经验并借鉴其他植物的研究方法,对不同低温进行了苗期试验,结果如表2-2-1与表2-2-2所示,根据低温处理后甜菜的外观形态情况,将子叶期处理温度和处理时间定为-4 ℃、5 h,两对真叶期处理温度与处理时间为-5 ℃、3 h。

表2-2-1　不同温度处理后甜菜真叶期叶片形态及恢复情况

温度/℃	外观形态	受冻级别	恢复后死亡率/%
-3	所有叶片生长正常,没有受到低温影响	0级	0
-4	所有叶片生长正常,没有受到低温影响	0级	0
-5	子叶受冻严重,脱水死亡。第一对真叶叶片仅个别大叶片受害水渍化,变透明状,局部叶片外部萎缩,但其叶柄仍可直立,颜色正常。第二对真叶完好	Ⅰ级	0

续表

温度/℃	外观表型	受冻级别	恢复后死亡率/%
-6	子叶受冻死亡。第一对真叶全部叶片受害,萎缩,焦枯,叶柄不可直立。第二对真叶边缘变黄干枯,内部良好。	Ⅱ级	25
-6.5	全部叶片受害,萎缩,心叶受冻,变黄干枯的面积更大,但植株尚能恢复生长	Ⅲ级	42
-7	全部大叶片和心叶均受冻,变黑,干枯,死亡。但主茎接近土壤部分可直立	Ⅳ级	83
-7.5	全部叶片受冻,主茎受冻,不可直立,植株变黑、干枯、死亡	Ⅳ级	100

表 2-2-2　子叶期和两对真叶期低温培养条件

序号	子叶期			两对真叶期			总时长/h
	锻炼处理/℃	冷冻处理/℃	持续时间/h	锻炼处理/℃	冷冻处理/℃	持续时间/h	
1	7	7	0.5	7	7	0.5	
2	5	5	0.5	5	5	0.5	
3	3	2	0.5	4	3	0.5	
4	1	0	0.5	3	2	0.5	
5	-1	-2	0.5	2	1	0.5	
6	-2	-4	5	1	0	0.5	
7	-1	-2	0.5	0	-2	0.5	
8	1	0	0.5	-2	-5	3	10
9	3	2	0.5	0	-2	0.5	
10	5	5	0.5	1	0	0.5	
11	7	7	0.5	2	1	0.5	
12	—	—	—	3	2	0.5	
13	—	—	—	4	3	0.5	
14	—	—	—	5	5	0.5	
15	—	—	—	7	7	0.5	

2.2　试验材料

本书以三年田间试验筛选到的抗寒品种 BISON PLUS 和敏感品种 MELINDIA 为研究材料,土壤材料为呼兰中性土(土壤理化性质见表2－2－3)。

表2－2－3　供试土壤的基本理化性质

pH	有机质/ $(g \cdot kg^{-1})$	全氮/ $(g \cdot kg^{-1})$	全磷/ $(g \cdot kg^{-1})$	全钾/ $(g \cdot kg^{-1})$	碱解氮/ $(mg \cdot kg^{-1})$	速效磷/ $(mg \cdot kg^{-1})$	速效钾/ $(mg \cdot kg^{-1})$
7.21	18.19	1.71	2.44	22.68	146.2	38.97	212.77

采用室内盆栽的方法,盆栽容器高11 cm,上沿口直径10 cm,下沿口直径 8.5 cm,使用之前将盆栽容器用自来水清理干净并晾干。每盆先统一放入 600 g土,将表层轻轻按实,表面平整后均匀放置20粒带有包衣的甜菜种子,之后用100 g 土均匀覆盖。子叶期低温试验保留每盆所有正常发芽且长势一致的幼苗;真叶期低温试验在幼苗长至20天时进行间苗,每盆保留长势一致的4株,每个处理5盆重复。

2.3　试验方法

2.3.1　培养条件

本书分为常温处理、锻炼处理、冷冻处理以及恢复处理4个阶段(具体流程见图2－2－1)。首先,将播种之后的所有土盆置于8~20 ℃的光照培养箱内,光照培养箱温度、时间及光照情况如表2－2－4所示。

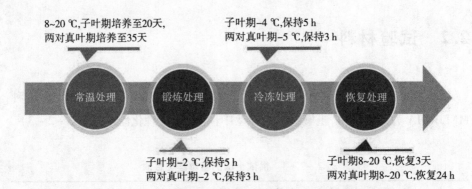

8~20 ℃,子叶期培养至20天,
两对真叶期培养至35天

子叶期-4 ℃,保持5 h
两对真叶期-5 ℃,保持3 h

常温处理　锻炼处理　冷冻处理　恢复处理

子叶期-2 ℃,保持5 h
两对真叶期-2 ℃,保持3 h

子叶期8~20 ℃,恢复3天
两对真叶期8~20 ℃,恢复24 h

图 2 - 2 - 1　子叶期和两对真叶期甜菜低温胁迫方案

表 2 - 2 - 4　光照培养箱参数设置

序号	时间	温度/℃	光照情况
1	0:00 ~ 2:00	10	无
2	2:00 ~ 4:00	8	无
3	4:00 ~ 6:00	10	无
4	6:00 ~ 8:00	12	无
5	8:00 ~ 10:00	14	有
6	10:00 ~ 12:00	16	有
7	12:00 ~ 14:00	18	有
8	14:00 ~ 16:00	20	有
9	16:00 ~ 18:00	18	有
10	18:00 ~ 20:00	16	有
11	20:00 ~ 22:00	14	有
12	22:00 ~ 24:00	12	无

在两个甜菜品种子叶完全展开、第一对真叶还未露出时(20 天),第一天夜间进行 -2 ℃、5 h 的锻炼处理,第二天夜间进行 -4 ℃、5 h 的冷冻处理,之后将经过以上处理的甜菜置于 8~20 ℃ 光照培养箱进行 3 天恢复处理,比较两个甜菜品种子叶期幼苗抗寒性的差异。

将播种后的甜菜在 8~20 ℃ 光照培养箱内培养至 35 天(20 天时进行间苗,

保留4株),长至两对真叶期时开始进行低温处理,第一天夜间在低温培养箱进行 −2 ℃、3 h 锻炼处理,第二天夜间进行 −5 ℃、3 h 冷冻处理,之后将经过以上处理的甜菜置于8~20 ℃光照培养箱进行24 h 恢复处理。

取样:将两对真叶期经过 −2 ℃、3 h 锻炼处理和 −5 ℃、3 h 冷冻处理的甜菜在低温培养箱内迅速剪下叶片并分装好(操作时保持低温培养箱密封性,温度维持 ±1 ℃,迅速取出样品),并放于 −80 ℃的超低温冰箱内存放。常温处理和恢复处理在光照培养箱内进行同样的操作,所有处理取样时间和保存步骤一致,用于测定丙二醛含量、抗氧化酶活性、渗透调节物质含量、植物激素含量等生理指标以及后续差异表达蛋白,各保留3次重复。

2.3.2　甜菜生长及形态指标测定

2.3.2.1　子叶期存活率测定

对子叶期幼苗处理前后存活株数进行统计,计算存活率。

子叶期幼苗存活率(%) = (处理后存活株数/处理前存活株数) × 100%

2.3.2.2　甜菜形态的观察和分析

观察、记录常温处理、锻炼处理、冷冻处理和恢复处理 4 个阶段两个甜菜品种叶片和茎形态、颜色、直立程度等特点,分析两个甜菜品种在低温胁迫下的形态差异。

2.3.2.3　两对真叶期干鲜重测定

鲜重:用剪刀将甜菜从地上部根茎处剪断,地上部分直接用分析天平称量质量,即为地上部鲜重;将根部轻轻从盆中取出,冲净泥土并用纸将水吸干,用分析天平称量根部质量,即为根部鲜重。

干重:105 ℃杀青 25 min 后,70 ℃烘干至恒重,称量。

2.3.3 甜菜叶片光合生理指标测定

2.3.3.1 甜菜叶片中叶绿素含量的测定

取 0.5 g 甜菜叶片于预冷的研钵内,加入 5 mL 纯丙酮研磨,将研磨好的液体倒入离心管中,用 3 mL 80% 丙酮冲洗研钵,将清洗液一同转移至离心管中,4 000 r/m 离心 15 min。吸取 1 mL 上清液与 4 mL 80% 丙酮混合,分别在 645 nm 和 663 nm 处读取吸光值。

$$叶绿素 a 含量 = (OD_{663} \times 12.7 + OD_{645} \times 2.68) \times 0.025/m_{样品}$$
$$叶绿素 b 含量 = (OD_{645} \times 22.9 + OD_{663} \times 4.68) \times 0.025/m_{样品}$$

2.3.3.2 甜菜叶片光合指标测定

光合指标测定全部在光照培养箱内光照条件下进行,使用仪器为CI-340 手持式光合作用测量系统。锻炼处理和冷冻处理完成后,光照培养箱温度为 20 ℃时测定甜菜第二对真叶的光合指标,每个处理随机选取 3 株。

2.3.4 甜菜叶片中丙二醛含量及质膜透性测定

2.3.4.1 甜菜叶片中丙二醛含量测定

0.5 g 甜菜叶片置于研钵内,加入 3 mL 预冷的 PBS 缓冲液,研磨至匀浆,倒入 10 mL 离心管内,加入 3 mL PBS 缓冲液将研钵清洗干净,将液体全部转移至离心管,4 ℃下 12 000 ×g 离心 20 min。取上清液 2 mL,加入 2 mL 0.5% 硫代巴比妥酸(含有 10% 三氯乙酸),沸水浴 30 min 后取出,置于冰水中冷却终止反应。4 ℃下 4 000 ×g 离心 10 min,以硫代巴比妥酸混合等量 PBS 缓冲液为空白对照调零,吸取适量上清液分别在 450 nm、532 nm 和 600 nm 处测定吸光值。

$$丙二醛含量 = [6.45 \times (OD_{532} - OD_{600}) - 0.56 \times OD_{450}] \times 2 \times 5/m_{样品}$$

2.3.4.2 甜菜叶片质膜透性测定

去离子水冲洗剪成小块的甜菜叶片,滤纸洗干表面水分,避开叶脉将叶片打出均匀一致的小圆片,混合均匀。称取 2 g 置于带有刻度的 25 mL 试管内,加入 20 mL 去离子水,每个处理重复 3 次。在真空干燥箱中抽气 40 min,排出细胞内的空气,取出后用玻璃棒轻轻摇匀,并静置 30 min,用电导仪测出初始电导值为 R_1,封口在沸水锅中加热 30 min,拿出试管,冷却至室温,摇匀,静置,测得终电导值为 R_2。

$$相对电导率 = R_1 / R_2 \times 100\%$$

2.3.5　甜菜叶片中抗氧化酶活性测定

称取保存好的叶片 0.2 g,分两次加入 3 mL 50 mmol/L PBS 缓冲液,在预冷的研钵中充分研磨,研磨后倒入 15 mL 离心管中,配平,15 000 × g 离心 15 min。上清液即为酶提取液,置于冰箱内保存待用。

提取后的酶液进行蛋白质含量测定:取酶提取液 30 μL,PBS 缓冲液 30 μL 与考马斯亮蓝溶液 3 mL 混合反应,于 595 nm 下测定吸光值。

蛋白质浓度 = (线性回归值 × 稀释倍数 × $V_{显色剂}$)/(提取酶液体积 × 样品鲜重)

2.3.5.1　甜菜叶片中 SOD 活性测定

NBT 反应液:13 mmol/L 甲硫氨酸、63 μmol/L 氮蓝四唑(NBT)、50 mmol/L PBS 缓冲液(pH = 7.8)、1.3 μmol/L 核黄素。

按照表 2 - 2 - 5 加入相应溶液,共设置两个空白,黑暗空白用锡箔纸包好置于暗处,光照空白及样品在光照下 25 ℃ 环境中反应 10 min,之后置于暗处终止反应。在 560 nm 处测定吸光值,用黑暗空白调零。

表 2 - 2 - 5　SOD 活性测定反应体系

	黑暗空白	光照空白	样品
NBT 反应液/mL	3	3	3
酶液/μL	0	0	50
PBS 缓冲液/μL	50	50	0

$$活度 = 每分钟吸光值变化 = (OD_{始} - OD_{终})/反应时间$$

$$每分钟\ SOD\ 活性 = (OD_{光照空白} - OD_{样品})/0.5 \times V_{酶液} \times OD_{光照}$$

$$SOD\ 活性 = 每分钟\ SOD\ 活性/蛋白质浓度$$

2.3.5.2　甜菜叶片中 CAT 活性测定

A. 吸取 125 μL 酶提取液。

B. 加入 1.575 mL 0.1 mmol/L 乙二胺四乙酸二钠溶液。

C. 加入 0.3 mL 100 mmol/L H_2O_2 溶液。

D. 测定 3 min 内 240 nm 处的吸光值。

$$每分钟\ CAT\ 活性 = (活度 \times V_{反应体系})/V_{酶液} \times 消光系数$$

$$CAT\ 活性 = 每分钟\ CAT\ 活性/蛋白质浓度$$

2.3.5.3　甜菜叶片中 POD 活性测定

A. 吸取酶提取液 50 μL。

B. 加入 1.850 mL 0.1 mmol/L 乙二胺四乙酸二钠溶液。

C. 加入 50 μL 1% 的愈创木酚。

D. 加入 50 μL 20 mmol/L H_2O_2 溶液。

E. 用紫外分光光度计测定 0 min、3 min 内 470 nm 处吸光值。

$$每分钟\ POD\ 活性 = (活度 \times V_{反应体系})/V_{酶液} \times 消光系数$$

$$POD\ 活性 = 每分钟\ POD\ 活性/蛋白质浓度$$

2.3.5.4　甜菜叶片中 APX 活性测定

A. 吸取酶提取液 100 μL。

B. 加入 1.7 mL 0.1 mmol/L 乙二胺四乙酸二钠溶液。

C. 加入 100 μL 5 mmol/L 抗坏血酸。

D. 加入 100 μL 20 mmol/L H_2O_2 溶液。

E. 用紫外分光光度计测定 0 min、3 min 时 290 nm 处的吸光值。

$$每分钟\ APX\ 活性 = (活度 \times V_{反应体系})/V_{酶液} \times 消光系数$$

$$APX\ 活性 = 每分钟\ APX\ 活性/蛋白浓度$$

2.3.6　甜菜叶片中渗透调节物质含量测定

2.3.6.1　甜菜叶片中可溶性蛋白含量测定

甜菜叶片 0.5 g，分两次加入去离子水 4.5 mL，研磨，清洗，倒入离心管，3 000 ×g 离心 5 min，上清液即为待测样品。取 1 mL 上清液，考马斯亮蓝定容至 5 mL，595 nm 处测定吸光值。

$$可溶性蛋白含量 = (OD_{样品} - OD_{空白})/(OD_{标准} - OD_{空白}) \times$$
$$标准品浓度 \times 5 \times (4.5 + m_{样品})$$

2.3.6.2　甜菜叶片中可溶性糖含量测定

剪碎的甜菜叶片 0.5 g，加 5 mL 蒸馏水于研钵内研磨，移入 25 mL 试管，用蒸馏水定容至 15 mL，沸水浴 20 min，取出摇匀静置，冷却后定容至 25 mL，8 000 ×g 离心 5 min，上清液即为待测液。

吸取 1 mL 上清液，加入 0.5 mL 蒽酮乙酸乙酯，加入 5 mL H_2SO_4，沸水浴 5 min，630 nm 处测定吸光值。

$$可溶性糖含量 = 线性回归值 \times V_{待测液} \times 稀释倍数/m_{样品} \times 10^3$$

2.3.6.3　甜菜叶片中脯氨酸含量测定

新鲜叶片 0.5 g 加到试管中，加入 5 mL 3% 磺基水杨酸溶液，沸水浴 10 min，冷却，过滤，8 000 ×g 离心 5 min，滤液即为待测液。

吸取 2 mL 上清液，加入 2 mL 乙酸和 2 mL 酸性茚三酮试剂，沸水浴显色 30 min。冷却后加入 4 mL 甲苯，静置片刻，吸取上层液甲苯层，在 520 nm 波处测定吸光值。

$$脯氨酸含量 = (线性回归值 \times V_{待测液})/(m_{样品} \times V_{上层液}) \times 100\%$$

2.3.7 甜菜叶片中 ABA 和 GA₃ 含量测定

2.3.7.1 样品中激素提取

称取 0.2～1.0 g 新鲜植物材料(若取样后材料不能马上测定,用液氮速冻 0.5 h 后,保存在 −20 ℃),加 2 mL 样品提取液,在冰浴下研磨成匀浆,转入 10 mL 试管,再用 2 mL 提取液分次将研钵冲洗干净,一并转入试管中,摇匀后放 置在 4 ℃中。4 ℃下提取 4 h,3 500 r/min 离心 8 min, 取上清液。沉淀中加 1 mL 提取液,搅匀,置 4 ℃下再提取 1 h,离心,合并上清液并记录体积,残渣弃 去。上清液过 C18 固相萃取柱。具体步骤是:80% 甲醇(1 mL)平衡柱→上 样→收集样品→移开样品后用 100% 甲醇(5 mL)洗柱→100% 乙醚(5 mL)洗 柱→100% 甲醇(5 mL)洗柱→循环。将过柱后的样品转入 10 mL 塑料离心管 中,真空浓缩干燥或用氮气吹干,除去提取液中的甲醇,用样品稀释液定容(一 般 1 g 鲜重用 2 mL 左右样品稀释液定容,测定不同激素时还要稀释适当的倍数 再加样)。

2.3.7.2 样品测定

加标准样品及待测样品:取适量标准样品用样品稀释液(稀释倍数见标 签)配成。IAA,ABA 标准曲线的最大浓度为 50 ng/mL, GA₃ 的最大浓度为 10 ng/mL。然后再依次 2 倍稀释 8 个浓度(包括 0 ng/mL)。将系列标准样品加 入 96 孔酶标板的前两行,每个浓度加 2 孔,每孔 50 μL,其余孔加待测样品,每 个样品重复 2 孔,每孔 50 μL。

加抗体:在 5 mL 样品稀释液中加入一定量的抗体(适稀释倍数见试剂盒标 签,如稀释倍数是 1∶2 000 就加 2.5 μL 抗体),混匀后每孔加 50 μL,然后将酶 标板放入湿盒内开始竞争。

竞争条件为 37 ℃、0.5 h。

将反应液甩干并在报纸上拍净。第一次加入洗涤液后要立即甩干。然后 接着加第二次。共洗涤 4 次,称为洗板。

将适当的酶标二抗加入 10 mL 样品稀释液(比如稀释倍数为 1∶1 000 就加

10 μL 抗体),混匀后,在酶标板每孔加 100 μL,然后将其放入湿盒内,置37 ℃下,温育 0.5 h。

洗板方法同竞争之后的洗板。

称取 10 ~ 20 mg OPD 溶于 10 mL 底物缓冲液(勿用手接触 OPD),完全溶解后加 4 μL 30% H_2O_2 混匀,在每孔中加 100 μL,然后放入湿盒内,当显色适当(肉眼能看出标准曲线有颜色梯度,且标准样品最大浓度孔颜色还较浅)后,每孔加入 50 μL 2 mol/L H_2SO_4 终止反应。

在酶联免疫分光光度计上依次测定各浓度标准样品和各待测样品 490 nm处的吸光值。

2.3.8 蛋白质组学分析

2.3.8.1 样本处理

常温处理和恢复处理的植株叶片在常温下剪碎,锻炼处理和冷冻处理的甜菜叶片在冰上迅速剪碎,将以上样品迅速分装,用锡纸包好放入液氮中,再转入 -80 ℃保存,每个样本 3 次重复。

2.3.8.2 蛋白质提取方法

将样品转移到 MP 振荡管中,加 1% PVPP 和适量 BPP 溶液;组织研磨仪每 40 s 振荡 3 次;4 ℃、12 000 ×g 离心 20 min,取上清液,加入等体积Tris - 饱和酚,4 ℃ 振荡 10 min,离心 20 min,将酚相取出,加入等体积 BPP 溶液,4 ℃振荡 10 min,离心 20 min 取酚相,加入 5 倍体积预冷的乙酸铵甲醇溶液,-20 ℃过夜沉淀;次日 4 ℃、12 000 ×g 离心 20 min,弃上清液,沉淀中加入 90% 预冷丙酮,混匀后离心,弃上清液,重复 2 次;沉淀用蛋白裂解液溶解;冰上超声 2 min;4 ℃、12 000 ×g 离心 20 min,取上清液,BCA 定量,进行 SDS - PAGE。

2.3.8.3 还原烷基化和酶解

取蛋白质样品 100 μg,加入 TEAB,使 TEAB 终浓度 100 mmol/L;加入 TCEP,使 TCEP 终浓度为 100 mmol/L,在 37 ℃下反应 60 min;加入碘乙酰胺,使

碘乙酰胺终浓度为 40 mmol/L,在室温下避光反应 40 min;每管各加入预冷的丙酮(丙酮:样品 = 6:1), -20 ℃沉淀 4 h;10 000 ×g 离心 20 min,取沉淀;用 100 μL 100 mmol/L TEAB 充分溶解样品;加入胰蛋白酶(胰蛋白酶:蛋白质 = 1:50),37 ℃酶解过夜。

2.3.8.4　TMT 标记

在 -20 ℃条件下取出 TMT 试剂,恢复到室温,离心,加入乙腈,涡旋离心,每 100 μg 多肽加入一管 TMT 试剂,室温孵育 2 h;加入羟胺,室温反应30 min;将每组中等量标记产物混合于一管中,真空浓缩仪抽干。

2.3.8.5　高 pH RPLC 一维分离

用 UPLC 上样缓冲液复溶多肽样品,用反相 C18 柱进行高 pH 液相分离。A 相:2% 乙腈(氨水调 pH = 10)。B 相:80% 乙腈(氨水调 pH = 10)。紫外检测波长:214 nm。流速:200 μL/min。时间梯度:48 min。

2.3.9　数据分析

采用 SPSS 20.0 进行数据统计与分析,使用 Microsoft Excel 2013 作图。显著性统计是通过单向方差分析(ANOVA)与邓肯多重检验评估,p 值 <0.05被认为具有统计学意义。

3　结果与分析

3.1　两个甜菜品种生长和形态指标的差异

3.1.1　子叶期幼苗形态及存活率

图 2 - 3 - 1 为甜菜子叶期幼苗低温胁迫前后形态和存活情况,左边为抗寒品种,右边为敏感品种。在 8 ~ 20 ℃光照培养箱生长至子叶期时,两个品种甜菜无形态差异,幼苗叶片颜色、整体高度一致。经过锻炼处理、冷冻处理、恢复处理,两个甜菜种子叶期幼苗呈现明显差异:抗寒品种幼苗叶片 50% 以上仍保持直立状态,叶片颜色变化较小,存活株数较多;敏感品种大部分幼苗茎失水严重、不能直立,呈现倒伏现象,叶片颜色较深,部分已完全受冻死亡,其余部分生长也受到严重抑制。抗寒品种子叶期存活率为62.39%,而敏感品种存活率为 20.87%,敏感品种幼苗存活率显著低于抗寒品种。

低温胁迫前

低温胁迫后

图 2 – 3 – 1   甜菜子叶期幼苗低温胁迫前后形态和存活情况

3.1.2   真叶期幼苗形态

图 2 – 3 – 2 为两个甜菜品种两对真叶期幼苗在不同处理阶段的形态,由图可以看出,低温胁迫对两个甜菜品种的形态具有不同程度的影响。

敏感品种   抗寒品种
（A）常温处理

敏感品种　　　　　　　　　抗寒品种

（B）锻炼处理

敏感品种　　　　　　　　　抗寒品种

（C）冷冻处理

敏感品种　　　　　　　　　抗寒品种

（D）恢复处理

图2-3-2　低温胁迫前后两对真叶期幼苗形态

在8～20 ℃生长35天时两个甜菜品种长势一致,叶片大小、颜色及茎高度均无明显差异性。锻炼处理后,两个甜菜品种的子叶均缩水枯萎,与常温处理相比,两个品种地上部的真叶和茎整体呈现倒伏现象,叶柄软化、不能直立,且敏感品种倒伏明显比抗寒品种严重。冷冻处理后,两个甜菜品种的叶片呈现水渍状,叶片颜色变深、变软,叶片和茎都表现萎蔫皱缩,敏感品种的茎全部倒伏,不能直立,抗寒品种的叶片脱水程度较敏感品种轻,茎基本可保持直立状态。恢复处理后,敏感品种的大部分叶片已枯萎变干,而抗寒品种的叶片基本直立,受低温影响较小。

3.1.3 两对真叶期幼苗生长和抗冻指数

为了探究低温胁迫对甜菜生长指标的影响,将两个品种低温胁迫前各生长指标作为基础生物量,将经过锻炼处理、冷冻处理、恢复处理的幼苗的生长指标作为冷冻生物量,将生长同样时间但未经低温胁迫的幼苗的生长指标称为正常生物量。

对正常生长和经过低温胁迫的甜菜的地上部和根部的干重、鲜重进行测定,结果如表 2-3-1 所示,两个甜菜品种各项生长指标的基础生物量和正常生物量均无显著性差异,而经过低温胁迫之后,抗寒品种的各项生长指标均高于敏感品种,其中,低温胁迫后抗寒品种地上部鲜重和干重分别比敏感品种增加了 10.70% 和 17.49%,达到显著性差异水平,而低温胁迫后两个品种根部的干重、鲜重差异不显著。根据公式抗冻指数 = (冷冻生物量 - 基础生物量)/(正常生物量 - 基础生物量),计算得到抗寒品种的抗冻指数为 0.67,敏感品种的抗冻指数为 0.28。

表 2-3-1 两个甜菜品种两对真叶期幼苗生长指标差异

处理	取样时间	地上部鲜重/g	地上部干重/g	根部鲜重/g	根部干重/g
抗寒品种	(基础生物量)	4.598 ± 0.623c	0.363 ± 0.051b	0.382 ± 0.047b	0.037 ± 0.005c
敏感品种	(基础生物量)	4.597 ± 0.460c	0.376 ± 0.046b	0.381 ± 0.037b	0.037 ± 0.003c
抗寒品种	(冷冻生物量)	5.350 ± 0.333b	0.477 ± 0.036a	0.404 ± 0.020b	0.039 ± 0.002ab
敏感品种	(冷冻生物量)	4.833 ± 0.416c	0.406 ± 0.056b	0.391 ± 0.023ab	0.038 ± 0.004ab
抗寒品种	(正常生物量)	6.106 ± 0.574a	0.515 ± 0.055a	0.427 ± 0.027a	0.042 ± 0.005a
敏感品种	(正常生物量)	6.107 ± 0.513a	0.515 ± 0.050a	0.425 ± 0.043a	0.041 ± 0.005a

注:不同小写字母表示不同处理间的显著性差异($p < 0.05$)。

3.2　两个甜菜品种叶片光合生理指标的差异

图2-3-3为不同处理对两个甜菜品种叶绿素a、叶绿素b含量的影响。常温处理下,两个甜菜品种的叶绿素含量具有显著性差异,抗寒品种的叶绿素a、叶绿素b含量显著高于敏感品种;锻炼处理下,抗寒品种叶绿素a、叶绿素b含量均显著降低,而敏感品种则显著升高;冷冻处理和恢复处理下,两个甜菜品种的叶绿素a、叶绿素b含量与锻炼处理相比都呈升高趋势,敏感品种的叶绿素a含量升高较少,而抗寒品种升高较为明显,冷冻处理比锻炼处理升高30.12%,恢复处理比冷冻处理升高77.91%。锻炼处理和冷冻处理下敏感品种的叶绿素b含量差异不大,而抗寒品种冷冻处理比锻炼处理高34.02%;恢复处理下两个品种的叶绿素b含量比分别比冷冻处理高66.03%、25.87%。

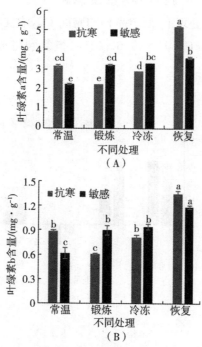

图2-3-3　不同处理下两个甜菜品种叶绿素a、叶绿素b含量

不同处理对两个甜菜品种光合指标的影响见图2-3-4。常温处理下两个品种的净光合速率无显著性差异;锻炼处理下两个品种的净光合速率均受到影响,其中抗寒品种降低了17.88%,敏感品种降低了46.98%;冷冻处理下,两个品种的净光合速率受到严重影响,呼吸速率强于光合速率,净光合速率为负值;恢复处理下,两个品种的净光合速率有所升高,其中抗寒品种比敏感品种高出61.43%。

锻炼处理到恢复处理阶段,两个品种的蒸腾速率一直呈现降低趋势,恢复处理下两个品种的蒸腾速率分别比常温处理降低了78.01%、79.56%。

常温处理下抗寒品种的气孔导度高于敏感品种;锻炼处理下两个品种的气孔导度比常温处理分别降低了40.01%、49.40%;冷冻处理比锻炼处理分别降低了40.12%、41.04%;恢复处理下,两个品种的气孔导度降到最低,比冷冻处理分别降低了44.25%、39.10%,此时两个品种之间差异不显著。

常温处理和锻炼处理下,两个品种的胞间CO_2浓度均无显著性差异,而在冷冻处理下,两个品种的胞间CO_2浓度急剧升高,分别比锻炼阶段升高51.60%、48.34%;恢复处理下,两个品种的胞间CO_2浓度相比冷冻处理呈现降低趋势,两个品种分别降低60.79%、61.01%,恢复到与常温处理一致的水平,与常温处理差异不显著。

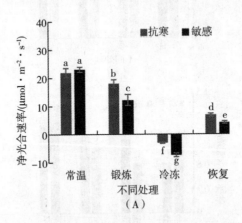

（A）

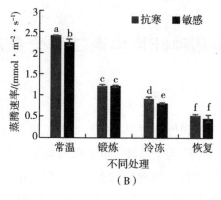

（B）

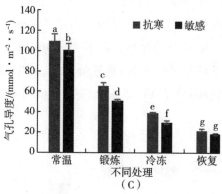

（C）

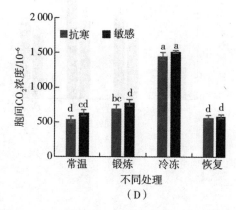

（D）

图 2 - 3 - 4　不同处理下两个甜菜品种光合指标

3.3 两个甜菜品种叶片中丙二醛含量及质膜透性的差异

图2-3-5显示了不同处理对甜菜叶片中丙二醛含量和质膜透性的影响，可以看出，常温处理条件下，两个品种的丙二醛含量差异不显著，而经过-2 ℃、3 h锻炼处理，两个品种的丙二醛含量都有了较大程度的升高，且与常温处理相比都达到显著水平，其中抗寒品种升高了90.19%，敏感品种升高了129.26%；继续进行-5 ℃、3 h冷冻处理后，两个品种的丙二醛含量一直保持升高趋势，其中抗寒品种升高了27.84%，敏感品种升高了33.13%，锻炼处理和冷冻处理后两个品种的丙二醛含量呈显著性差异；恢复处理后，两个品种的丙二醛含量呈降低趋势，其中抗寒品种降低了18.45%，敏感品种降低了39.00%，两个品种间差异显著。

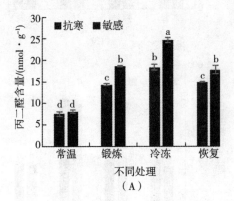

（A）

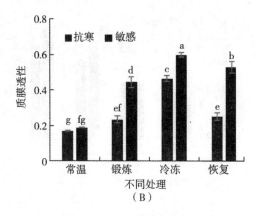

图 2 - 3 - 5　不同处理下两个甜菜品种叶片中丙二醛含量和质膜透性

常温处理下,两个品种的叶片质膜透性无明显差异,但锻炼处理和冷冻处理后,叶片质膜透性一直呈现增加趋势,且在 - 5 ℃、3 h 冷冻处理后达到最大值。与常温处理相比,锻炼处理后抗寒品种的叶片质膜透性增加了 38.78%,而敏感品种则增加了 137.21%;冷冻处理后,抗寒品种的质膜透性比常温处理增加了 175.27%,敏感品种的质膜透性比常温处理增加了 219.57%。恢复处理后,抗寒品种的叶片质膜透性比冷冻处理降低了 46.16%,而敏感品种降低了 11.75%,说明抗寒品种的恢复能力比敏感品种强。

3.4　两个甜菜品种叶片中抗氧化酶活性的差异

图 2 - 3 - 6 为不同处理对两个甜菜品种叶片中 SOD、CAT、POD、APX 活性的影响。可以看出,常温处理条件下,敏感品种 SOD 活性高于抗寒品种。经过低温锻炼后,两个品种的 SOD 活性与常温处理相比都有了显著增加,且抗寒品种增加量大于敏感品种;经过冷冻处理,两个品种的 SOD 活性相比于锻炼处理分别增加了 62.09% 和 34.63%,抗寒品种的 SOD 活性开始高于敏感品种且达到显著性差异水平;恢复处理阶段,两个品种的 SOD 活性继续增加,分别比冷冻阶段高出 19.07% 和 17.79%,抗寒品种的 SOD 活性在恢复阶段达到最高值。

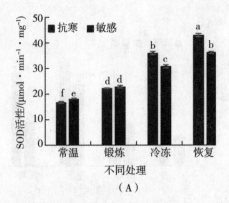

（A）

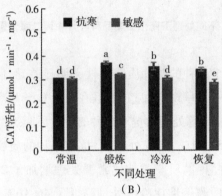

（B）

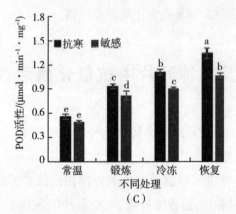

（C）

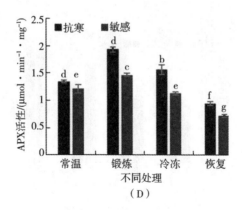

图2-3-6　不同处理下两个甜菜品种叶片中 SOD、CAT、POD、APX 活性

常温处理下,两个品种间 CAT 活性差异不显著,但在锻炼处理、冷冻处理和恢复处理下,两个品种间 CAT 活性均差异显著。CAT 活性在锻炼处理阶段达到最高,分别比常温处理高出 21.68% 和 5.99%;随着温度的降低,CAT 活性也在降低,但抗寒品种的 CAT 活性始终高于敏感品种。

随着温度的降低,两个甜菜品种的 POD 活性逐渐增加,整体呈上升趋势。锻炼处理的 POD 活性分别比常温处理高 66.96% 和 65.76%,两个品种间差异显著;冷冻处理下 POD 活性较锻炼阶段分别增加了 18.93% 和 10.17%,达到显著性差异水平;恢复处理下两个品种的 POD 活性达到最高,分别比冷冻处理高出 21.11% 和 17.84%,且两个品种之间 POD 活性差异显著。

常温处理下,抗寒品种 APX 活性高于敏感品种 10.70%,而在锻炼处理后抗寒品种 APX 活性达到最高,高于敏感品种 31.83%;冷冻处理阶段 APX 活性开始降低,比锻炼阶段分别降低了 19.12% 和 22.90%;恢复阶段 APX 活性依然呈降低趋势,且敏感品种的 APX 活性显著低于抗寒品种。

3.5　两个甜菜品种叶片中渗透调节物质含量的差异

图2-3-7 显示了不同处理对两个甜菜品种可溶性蛋白、可溶性糖、脯氨酸含量的影响。

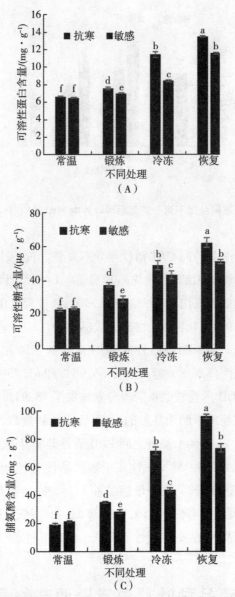

图2-3-7 不同处理下两个甜菜品种可溶性蛋白、可溶性糖、脯氨酸含量

由图2-3-7可知,常温处理对两个甜菜品种影响不大,两个品种的可溶性蛋白、可溶性糖、脯氨酸含量在常温条件下均差异不显著。随着温度的降低,这3种渗透调节物质含量整体呈现升高趋势,且两个品种之间一直具有显著性差异。

锻炼处理下,两个品种的可溶性蛋白含量比常温处理下分别升高了13.87%、7.92%;冷冻处理下,两个品种的可溶性蛋白含量比锻炼处理分别升高了50.79%、20.05%;恢复处理比冷冻处理分别升高了17.79%、37.10%。可以看出,抗寒品种主要在冷冻阶段大量积累可溶性蛋白,而敏感品种在恢复阶段可溶性蛋白积累较多。

抗寒品种在锻炼处理下的可溶性糖含量比常温处理升高63.01%,而敏感品种仅升高23.46%;恢复处理下,两个品种的可溶性糖含量比锻炼处理分别升高27.34%、17.89%,且抗寒品种比敏感品种高出21.77%。

锻炼处理下的两个品种的脯氨酸含量显著升高,分别比常温处理升高80.14%、32.50%;冷冻处理比锻炼处理分别升高104.37%、54.95%,其中抗寒品种比敏感品种高出63.62%;恢复处理下抗寒品种比敏感品种高出30.55%。

3.6　两个甜菜品种叶片中 ABA 和 GA$_3$ 含量的差异

不同处理对两个甜菜品种叶片中 ABA、GA$_3$ 含量以及 GA$_3$/ABA 的影响见图 2-3-8。从图中可知,两个甜菜品种幼苗 ABA 含量均在冷冻处理下达到最高值,比常温处理分别升高了 101.51%、67.18%,比锻炼处理分别升高了40.28%、35.81%,且冷冻处理下抗寒品种比敏感品种高出 15.08%。恢复处理下,两个甜菜品种叶片 ABA 含量与冷冻处理相比均呈降低趋势,其中抗寒品种降低 22.02%,而敏感品种降低 30.64%。

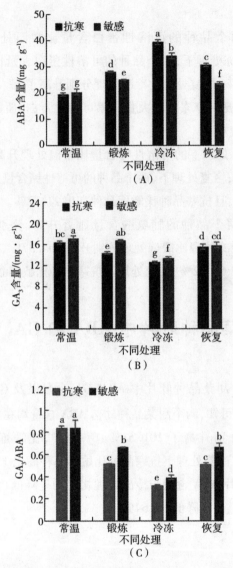

图 2 – 3 – 8　不同处理下两个甜菜品种叶片中 ABA、GA_3 含量以及 GA_3/ABA

　　常温处理下,敏感品种的 GA_3 含量显著高于抗寒品种;锻炼处理下,两个品种的 GA_3 含量均降低,与常温处理相比抗寒品种降低了 12.14%,达到显著性差异水平,但敏感品种降低幅度小,未达到显著水平;冷冻处理下,两个品种的 GA_3 含量比锻炼处理分别降低了 12.48%、20.37%,两个品种间 GA_3 含量具有显著性差异;恢复处理下,两个品种的 GA_3 含量与冷冻处理相比呈现升高趋势,但两个品种间 GA_3 含量差异不显著。

常温处理下,两个品种的 GA_3/ABA 无显著性差异;锻炼处理以及冷冻处理下,GA_3/ABA 逐渐降低;冷冻处理下,两个品种的 GA_3/ABA 分别比常温处理降低了 61.85% 、53.65% ;恢复处理下,GA_3/ABA 逐渐升高,与锻炼处理差异不显著。

3.7　两个甜菜品种蛋白组学的差异

3.7.1　叶片总蛋白

3.7.1.1　叶片总蛋白浓度

根据标准曲线(图 2 - 3 - 9)的结果,测定蛋白质浓度,计算得到抗寒品种常温处理下蛋白质浓度分别为 $3.871\ \mu g/\mu L$ 、$3.913\ \mu g/\mu L$ 、$3.585\ \mu g/\mu L$,锻炼处理下蛋白质浓度分别为 $2.711\ \mu g/\mu L$ 、$3.806\ \mu g/\mu L$ 、$3.28\ \mu g/\mu L$,冷冻处理下蛋白质浓度分别为 $4.562\ \mu g/\mu L$ 、$4.845\ \mu g/\mu L$ 、$4.202\ \mu g/\mu L$,恢复处理下蛋白质浓度分别为 $2.969\ \mu g/\mu L$ 、$4.696\ \mu g/\mu L$ 、$3.93\ \mu g/\mu L$;敏感品种常温处理下蛋白质浓度分别为 $4.353\ \mu g/\mu L$ 、$4.005\ \mu g/\mu L$ 、$3.796\ \mu g/\mu L$,锻炼处理下蛋白质浓度分别为 $4.535\ \mu g/\mu L$ 、$5.271\ \mu g/\mu L$ 、$6.156\ \mu g/\mu L$,冷冻处理下蛋白质浓度分别为 $6.999\ \mu g/\mu L$ 、$5.041\ \mu g/\mu L$ 、$6.845\ \mu g/\mu L$,恢复处理下蛋白质浓度分别为 $5.104\ \mu g/\mu L$ 、$4.696\ \mu g/\mu L$ 、$6.204\ \mu g/\mu L$ 。

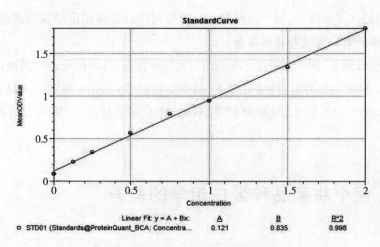

图 2 – 3 – 9   蛋白质标准曲线

3.7.1.2   SDS – PAGE 结果

利用 SDS – PAGE 进行蛋白质分析,样品上样顺序参照表 2 – 3 – 1 和表 2 – 3 – 2,其中 T 表示抗寒品种,S 表示敏感品种,常温处理简称 CK,锻炼处理简称 A,冷冻处理简称 F,恢复处理简称 R,每个样本 3 次重复。

表 2 – 3 – 2   抗寒品种 SDS – PAGE 上样顺序

序号	1	2	3	4	5	6	7	8	9	10	11	12
样品名称	T_CK_1	T_CK_2	T_CK_3	T_A_1	T_A_2	T_A_3	T_F_1	T_F_2	T_F_3	T_R_1	T_R_2	T_R_3

表 2 – 3 – 3   敏感品种 SDS – PAGE 上样顺序

序号	1	2	3	4	5	6	7	8	9	10	11	12
样品名称	S_CK_1	S_CK_2	S_CK_3	S_A_1	S_A_2	S_A_3	S_F_1	S_F_2	S_F_3	S_R_1	S_R_2	S_R_3

抗寒品种和敏感品种 SDS – PAGE 结果如图 2 – 3 – 10、图 2 – 3 – 11 所示。蛋白质电泳条带清晰,组内重复性良好,蛋白质总量满足分析需要,质检合格,可以进行后续 TMT 标记及质谱分析。

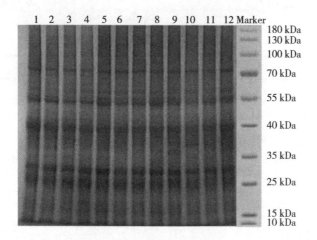

图 2 - 3 - 10　不同处理下甜菜抗寒品种的 SDS - PAGE 结果

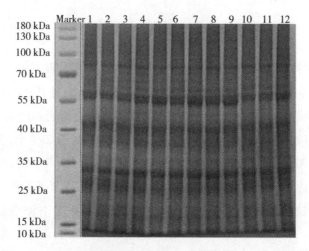

图 2 - 3 - 11　不同处理下甜菜敏感品种的 SDS - PAGE 结果

3.7.2　iTRAQ 蛋白差异表达分析

两个甜菜品种 iTRAQ 蛋白差异表达分析结果见表 2 - 3 - 4。在所有处理中,设定 $p < 0.05$,两个样品中同一个蛋白质的差异倍数(FC) > 1.3 为上调表达,$FC < 0.7$ 为下调表达,差异表达蛋白 uni – peptide $\geqslant 2$ 为差异筛选标准。

表 2 – 3 – 4　两个甜菜品种 iTRAQ 蛋白差异表达分析

甜菜品种	处理	上调表达蛋白数	下调表达蛋白数	总蛋白数
	A – CK	47	10	57
	F – A	9	5	14
T	F – CK	261	33	294
	R – F	230	13	243
	R – CK	350	66	416
	A – CK	4	2	6
	F – A	21	1	22
S	F – CK	29	4	33
	R – F	166	23	189
	R – CK	239	33	272

在抗寒品种中,锻炼处理与常温处理相比(A – CK),筛选到了 57 个差异表达蛋白,其中 47 个上调表达,10 个下调表达;冷冻处理与锻炼处理相比(F – A),一共筛选到 14 个差异表达蛋白,其中 9 个上调表达,5 个下调表达;冷冻处理和常温处理相比(F – CK),差异表达蛋白较多,有 294 个,其中 261 个上调表达,只有 33 个下调表达;恢复处理和冷冻处理相比(R – F),筛选到 243 个差异表达蛋白,其中 230 个上调表达,13 个下调表达;恢复处理和常温处理相比(R – CK),筛选到 416 个差异表达蛋白,其中有 350 个上调表达,66 个下调表达。

在敏感品种中,锻炼处理与常温处理相比(A – CK),筛选到了 6 个差异表达蛋白,其中 4 个上调表达,2 个下调表达;冷冻处理与锻炼处理相比(F – A),共筛选到 22 个差异表达蛋白,其中 21 个上调表达,仅 1 个下调表达;冷冻处理和常温处理相比(F – CK),共筛选到 33 个差异表达蛋白,其中 29 个上调表达,只有 4 个下调表达;恢复处理和冷冻处理相比(R – F),筛选到 189 个差异表达蛋白,其中 166 个上调表达,23 个下调表达;恢复处理和常温处理相比(R – CK),共筛选到 272 个差异表达蛋白,其中 239 个上调表达,33 个下调表达。

　　通过差异表达蛋白 Venn 图(图 2 - 3 - 12)发现,抗寒品种 A - CK 和 F - A 两个处理特有蛋白各有 5 个和 2 个,敏感品种有 3 个,两个品种差异不大。抗寒品种 F - CK、R - CK、R - F 这 3 个处理特有蛋白分别为 143 个、138 个、70 个,而敏感品种分别有 8 个、107 个、35 个,远少于抗寒品种,可能是因为抗寒品种耐受低温能力和恢复能力较强,同样温度处理下,抗寒品种能够比敏感品种激活更多相应蛋白质来调控和适应低温胁迫。

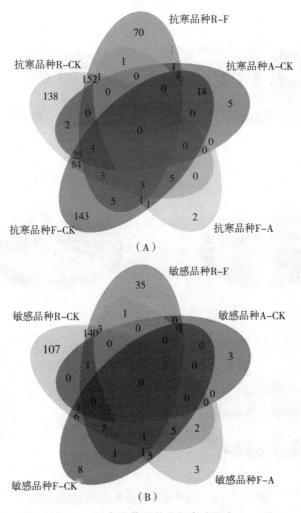

图 2 - 3 - 12　两个甜菜品种差异表达蛋白 Venn 图

3.7.3　两个甜菜品种差异表达蛋白功能分类

根据质谱鉴定的结果,将得到的差异表达蛋白分为抗逆和防御相关蛋白、转运相关蛋白、光合作用相关蛋白、代谢相关蛋白、信号传导相关蛋白、细胞壁合成相关蛋白、蛋白质合成相关蛋白、蛋白质折叠和降解相关蛋白、转录相关蛋白、其他功能相关蛋白和未知蛋白 11 个大类(图 2 - 3 - 13 和图 2 - 3 - 14)。

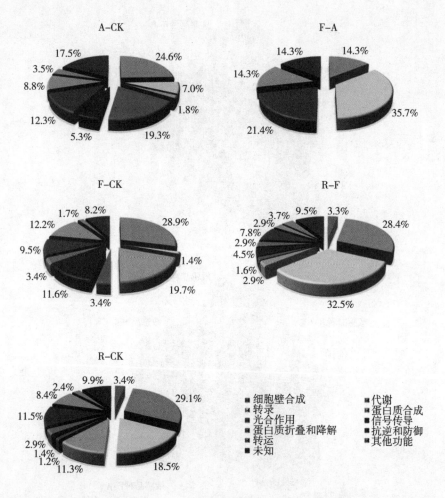

图 2 - 3 - 13　抗寒品种差异表达蛋白功能分类

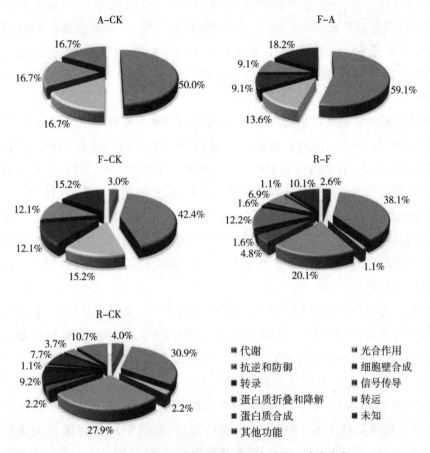

图 2 - 3 - 14　敏感品种差异表达蛋白功能分类

锻炼处理与常温处理相比,在抗寒品种中有 57 个差异表达蛋白,包括代谢相关蛋白(24.6%)、抗逆和防御相关蛋白(7.0%)、蛋白质合成相关蛋白(19.3%)、光合作用相关蛋白(5.3%)、蛋白质折叠和降解相关蛋白(1.8%)、信号传导相关蛋白(12.3%)、转运相关蛋白(8.8%)、其他功能相关蛋白(3.5%)、未知蛋白(17.5%)。而敏感品种中有 6 个差异表达蛋白,包括代谢相关蛋白(50.0%)、抗逆和防御相关蛋白(16.7%)、蛋白质合成相关蛋白(16.7%)、其他功能相关蛋白(16.7%)。抗寒品种差异表达蛋白的种类和功能多于敏感品种。

冷冻处理与锻炼处理相比,在抗寒品种中有 14 个差异表达蛋白,包括代谢相关蛋白（14.3%）、抗逆和防御相关蛋白（35.7%）、信号传导相关蛋白（21.4%）、转运相关蛋白（14.3%）、未知蛋白（14.3%）。而敏感品种中有22个差异表达蛋白，包括代谢相关蛋白（59.1%）、抗逆和防御相关蛋白（13.6%）、信号传导相关蛋白（9.1%）、转运相关蛋白（9.1%）、未知蛋白（18.2%）。

冷冻处理与常温处理相比，在抗寒品种中有294个差异表达蛋白，包括代谢相关蛋白（28.9%）、抗逆和防御相关蛋白（9.5%）、蛋白质合成相关蛋白（19.7%）、光合作用相关蛋白（3.4%）、转录相关蛋白（1.4%）、蛋白质折叠和降解相关蛋白（3.4%）、信号传导相关蛋白（11.6%）、转运相关蛋白（12.2%）、其他功能相关蛋白（1.7%）、未知蛋白（8.2%）。而敏感品种中有33个差异表达蛋白，包括细胞壁合成相关蛋白（3.0%）、代谢相关蛋白（42.4%）、抗逆和防御相关蛋白（15.2%）、信号传导相关蛋白（12.1%）、转运相关蛋白（12.1%）、未知蛋白（15.2%）。

恢复处理与冷冻处理相比，在抗寒品种中有243个差异表达蛋白，包括细胞壁合成相关蛋白（3.3%）、代谢相关蛋白（28.4%）、抗逆和防御相关蛋白（32.5%）、蛋白质合成相关蛋白（2.9%）、光合作用相关蛋白（1.6%）、转录相关蛋白（4.5%）、蛋白质折叠和降解相关蛋白（2.9%）、信号传导相关蛋白（7.8%）、转运相关蛋白（2.9%）、其他功能相关蛋白（3.7%）、未知蛋白（9.5%）。敏感品种中有189个差异表达蛋白，包括细胞壁合成相关蛋白（4.8%）、代谢相关蛋白（38.1%）、抗逆和防御相关蛋白（20.1%）、蛋白质合成相关蛋白（2.6%）、光合作用相关蛋白（1.1%）、转录相关蛋白（1.6%）、蛋白质折叠和降解相关蛋白（1.6%）、信号传导相关蛋白（12.2%）、转运相关蛋白（6.9%）、其他功能相关蛋白（1.1%）、未知蛋白（10.1%）。

恢复处理与常温处理相比，在抗寒品种中有416个差异表达蛋白，包括细胞壁合成相关蛋白（3.4%）、代谢相关蛋白（29.1%）、抗逆和防御相关蛋白（18.5%）、蛋白质合成相关蛋白（11.3%）、光合作用相关蛋白（1.2%）、转录相关蛋白（1.4%）、蛋白质折叠和降解相关蛋白（2.9%）、信号传导相关蛋白（11.5%）、转运相关蛋白（8.4%）、其他功能相关蛋白（2.4%）、未知蛋白（9.9%）。敏感品种中有272个差异表达蛋白，包括细胞壁合成相关蛋白（4.0%）、代谢相关蛋白（30.9%）、抗逆和防御相关蛋白（27.9%）、蛋白质合成相关蛋白(2.2%)、光合作用相关蛋白(0.4%)、转录相关蛋白(2.2%)、蛋白质折叠和降解相关蛋白(1.1%)、信号传导相关蛋白(9.2%)、转运相关蛋白(7.7%)、其他功能相关蛋白(3.7%)、未知蛋白(10.7%)。

4　讨论

4.1　低温胁迫对两个甜菜品种生长及形态指标的影响

　　两个甜菜品种在子叶期经过 $-2\ ℃$、5 h 锻炼处理和 $-4\ ℃$、5 h 冷冻处理后,形态和存活率方面都呈现明显差异,抗寒品种叶片大部分能直立并保存正常颜色,而敏感品种叶片失水,叶片颜色变深。敏感品种的子叶期幼苗存活率为 20.87%,远低于抗寒品种的存活率 62.39%。

　　两对真叶期时对两个甜菜品种进行不同处理后发现,常温处理下,两个品种总体形态及地上部、根部的干鲜重均无差异;而在经过锻炼处理和冷冻处理后,抗寒品种叶片损伤较小,水渍化程度较低,叶片大部分仍可以正常展开,叶柄仍可直立,而敏感品种水渍化程度更深,叶片颜色变深,变透明状态,叶柄软化倒塌;恢复处理后,抗寒品种地上部干鲜重明显高于敏感品种。抗寒品种的冷冻指数为 0.67,敏感品种的冷冻指数为 0.28,敏感品种耐受低温能力较弱。

4.2　低温胁迫对两个甜菜品种生理指标的影响

4.2.1　低温胁迫对两个甜菜品种膜系统的影响

　　冷冻处理首先会对甜菜叶片膜结构造成损伤,导致膜脂过氧化,产生大量的丙二醛,进而造成氧化损伤。常温处理下,两个甜菜品种丙二醛含量和相对电导率均无显著性差异。温度降低,两个品种的丙二醛含量和相对电导率都急剧上升,敏感品种的丙二醛含量和相对电导率始终高于抗寒品种且都达到显著性差异水平。在温度恢复至常温后,抗寒品种恢复较快而敏感品种恢复较慢。这表明低温胁迫显著增加了细胞的质膜透性,且敏感品种的增加量高于抗寒品种,说明冷冻处理对抗寒品种细胞膜透性影响较小。在核桃、油茶、甜瓜、蓝莓等植物中也发现了同样的现象。

4.2.2　低温胁迫对两个甜菜品种抗氧化酶活性的影响

　　ROS 清除系统是植物体内重要的保护系统,能够利用多种抗氧化酶来缓解低温胁迫对植物细胞造成的伤害。大量研究证明,低温胁迫下,抗氧化酶活性与植物对胁迫的抗性密切相关,抗寒性较高的玉米、黄瓜、水稻等都具有较高的抗氧化酶活性。在本书中,与常温处理相比,锻炼处理和冷冻处理可以不同程度地提高两个甜菜品种 SOD、CAT、POD、APX 活性,其中,随着温度降低至 $-5\ ℃$ 到恢复阶段温度回升至 $8\sim20\ ℃$,两个品种的 SOD、POD 活性持续升高,在恢复处理时升至最高,表明 SOD 作为可以通过发生歧化反应清除超氧阴离子的抗氧化物酶,在整个低温处理过程中一直发挥积极作用,POD 则在催化 H_2O_2 转化为 H_2O 中发挥关键作用。两个品种的 CAT、APX 活性在 $-2\ ℃$、$3\ h$ 锻炼处理后达到最高,冷冻处理和恢复处理后活性持续降低,表明不同抗氧化酶在低温的不同阶段发挥作用,CAT 和 APX 对锻炼处理响应最快,在锻炼处理时期发挥主要作用。在整个处理过程中,抗寒品种的 4 种抗氧化酶活性均显著高于敏感品种,证实了抗寒品种在低温胁迫过程中有着更高的抗氧化酶协作能力。

4.2.3　低温胁迫对两个甜菜品种渗透调节物质含量的影响

　　在本书中,常温处理下两个甜菜品种的几种渗透调节物质含量均无显著性差异。锻炼处理下,两个品种的可溶性糖含量升高最多,可能由于低温胁迫初期多种与糖代谢相关的代谢途径开始发挥作用,积累大量糖类形成保护物质以提高甜菜抗寒性。随着温度降低至 −5 ℃,两个品种的可溶性蛋白大量增加,可能由于在 −5 ℃下植物体内产生了多种功能性蛋白,从而导致了可溶性蛋白含量的上升。脯氨酸含量的升高趋势与可溶性蛋白类似,逆境胁迫下脯氨酸合成途径增强,而脯氨酸脱氢酶基因表达量降低,从而使脯氨酸得到积累。脯氨酸的积累不仅能为植物提供能源,降低细胞水势,还能够激发抗氧化酶活性,通过提高叶绿素含量等促进光合作用,从而提高植物抗寒性。这 3 种渗透调节物质含量均与甜菜的抗寒性呈正相关,但其作用时期不同。在一些植物中,低温胁迫加重或者胁迫解除时,渗透调节物质含量会出现下降趋势,但在彩叶草、大花蕙兰等植物中,仍然呈现持续增加的趋势,这可能与低温胁迫程度以及植物本身对逆境胁迫的响应机制不同有关。本书也证实了抗寒品种渗透调节物质积累得更多更快,能够抵御更严重的逆境胁迫,而抗寒性弱的品种则积累得更少更慢。

4.2.4　低温胁迫对两个甜菜品种光合生理指标的影响

　　研究证明,低温胁迫会使植物细胞膜系统受损,导致叶绿体包膜降解,结构被严重破坏,植物叶绿素含量逐渐减少,光合作用被抑制。不同品种的叶绿素含量变化不相同,抗寒性强的品种叶绿素含量降幅更低,这与本书的研究结果一致。叶绿素含量在不同温度以及不同品种之间表现不同,低温胁迫下降低叶绿素含量、降低光合作用水平,可能是植物对低温环境的一种适应机制或是对自身的一种保护机制。

　　光合指标能够反映植物在低温处理下的光合作用状态。在本书中,温度降低,两个甜菜品种叶片的净光合速率、气孔导度、蒸腾速率均表现为显著降低趋势,这与 Klimov 等人的研究结果一致。可能是低温胁迫破坏了 PSⅡ反应中心,从而降低了原初光转换效率和电子转移速率,进一步抑制了光合作用,导致净光合速率的降低。叶绿体合成受抑制,结构被破坏,导致叶绿体功能紊乱、气孔导度下降,抑制生长。温度和时间产生交互作用,同一时间显示低温危害强度效应,同一低温显示低温危害累积效应,影响着植物幼苗叶片的光合指标。郑春芳等人发现在轻度和中度冻害下,植物能通过调节自身抗氧化系统和糖类代谢,减轻叶片 PSⅡ光抑制的伤害,减缓光合能力下降,而严重冻害下植株受伤害严重,短期内无法恢复光合生理功能。

4.2.5　低温胁迫对两个甜菜品种 ABA 和 GA₃ 含量的影响

植物激素是调控植物生长发育与响应外界环境信号的重要物质,在受到低温胁迫时,植物体可以通过调节内源激素的含量来应对外界环境的变化。研究表明:低温胁迫下,小麦内源 ABA 含量升高,能够诱导抗逆相关蛋白的合成,使抗寒基因表达上调,进而提高了小麦的抗寒性。对茶树、油菜等的研究同样表明低温胁迫下内源 ABA 含量上升,Capell 等人发现,高水平的 ABA 对低温胁迫下的玉米幼苗有保护作用,同时发现抗寒能力与内源 GA₃ 含量呈显著负相关。这与本书的研究结果一致。

4.3　低温胁迫对两个甜菜品种差异表达蛋白的影响

4.3.1　代谢相关蛋白

低温胁迫对抗寒品种糖酵解、三羧酸循环和磷酸戊糖途径有显著影响。果糖二磷酸醛缩酶(FBA)是植物中的一种关键酶,参与细胞质中的糖酵解和糖异生。研究表明拟南芥中果糖二磷酸醛缩酶在响应多种非生物胁迫时过量表达。恢复处理下抗寒品种甜菜的果糖二磷酸醛缩酶下调表达。甘油醛 - 3 - 磷酸脱氢酶参与植物的糖酵解途径,在胡杨中发现,低温条件下甘油醛－3－磷酸脱氢酶上调表达,恢复处理下抗寒品种中该酶也显示上调表达。丙酮酸激酶参与植物的糖酵解途径,恢复处理下敏感品种中两个丙酮酸激酶上调表达。

琥珀酸合成酶和苹果酸脱氢酶参与植物三羧酸循环。研究表明抗寒品种中琥珀酸合成酶上调表达,苹果酸脱氢酶下调表达。乙酰 CoA 是三羧酸循环的重要酶,多种生物胁迫和非生物胁迫会影响其表达量,二氢硫辛酰胺脱氢酶在能量代谢中起重要作用,醛脱氢酶(ALDH)超家族包含 NAD(P$^+$)依赖性酶,催化醛氧化成相应的羧酸,在抗寒品种的恢复处理中,这 3 个酶均上调表达。尿苷三磷酸－葡萄糖－1－磷酸尿苷酰转移酶和 6－磷酸葡萄糖酸脱氢酶与磷酸戊糖途径相关,恢复处理中这两种酶均表达量上调。说明低温处理下抗寒品种响应低温胁迫是个较为复杂的能量调控过程。

低温处理下抗寒品种的 LOX 和异黄酮类化合物均上调表达。氧代植物二烯酸还原酶 2 参与茉莉酸的生物合成和其他脂蛋白信号传导分子的生物合成或代谢,β－半乳糖苷酶 5 是参与 β－半乳糖生物合成的重要酶,查尔酮合成酶参与类黄酮生物合成途径,低温处理下敏感品种中这 3 种酶上调表达。

4.3.2 抗逆和防御相关蛋白

为了应对低温胁迫,减少细胞损伤,植物进化出多种与逆境防御相关的蛋白质,包括过氧化物酶、脱氢抗坏血酸还原酶(DHAR)、GST、致病相关蛋白、HSP 等。

POD 能够减少各种有毒过氧化物的积累,在抗氧化防御中发挥作用,另一方面还可以作为信号传感器,在与氧化还原调节相关的氧化还原信号传导中发挥作用。Finkemeier 等人发现胁迫条件下,线粒体Ⅱ型 POD 对拟南芥的氧化还原稳态和根系的生长至关重要。在本书中,低温处理下,两个甜菜品种中多个 POD 表达上调,表明其作为还原剂减少了细胞氧化毒害,并调节与 ROS 和活性氮有关的细胞内信号传导,进而激发多种代谢途径来增强植物抗寒性。脱氢抗坏血酸还原酶在抗坏血酸－谷胱甘肽循环中起重要作用,Shin 等人在水稻中发现 DHAR 对清除氧化应激产生的 ROS 具有重要作用,通过将二氢抗坏血酸(DHA)转化为抗坏血酸,来维持抗坏血酸的氧化还原稳定,锻炼处理下抗寒品种中 DHAR 表达下调。

GST 是谷胱甘肽结合反应的关键酶,参与催化谷胱甘肽结合反应的起始步骤。在植物中,GST 的表达可由多种植物激素诱导,如水杨酸、ABA、茉莉酸甲酯等。植物体在受到如病原体感染、重金属、缺氧胁迫和盐胁迫等刺激时,能够通过增加 GST 的表达水平来维持细胞氧化还原稳态、保护生物体免受氧化损伤。GST 能够催化化合物与谷胱甘肽结合,并将它们靶向储存在液泡或质外体中。在拟南芥中发现 GST U17 参与了光信号传导,并通过与植物色素 A 的协调调控来影响谷胱甘肽进而调节发育的各个方面。低温处理下,两个甜菜品种中发现多个 GST 表达上调。

逆境胁迫会诱导植物中多种蛋白质的合成,当植物被不相容的病原体感染时,宿主植物的过敏反应会诱导一组新的可溶性蛋白,称为致病相关(PR)蛋白。这些蛋白质形成一类应激诱导蛋白,由于 PR 蛋白的出现与宿主植物对病原体攻击的系统获得性抗性相协调,PR 蛋白在植物应对氧胁迫、低温胁迫的防御机制中发挥重要作用。本书中抗寒品种低温胁迫处理下 PR 蛋白表达上调。低温处理下两个甜菜品种中多个 HSP 表达上调。

液泡加工酶(VPE)是植物液泡中负责液泡中前体蛋白成熟和活化的一类酶。已有研究结果表明 VPE 参与衰老、终端分化及逆境胁迫诱导的细胞程序性死亡,在植物防御信号传导中发挥重要作用。抗寒品种低温胁迫后 VPE 表达上调。

4.3.3　信号传导相关蛋白

植物为了适应和抵抗逆境胁迫,进化出多种信号传导途径。本书发现低温处理下两个甜菜品种都具有的信号传导相关蛋白有 GRP、ABP、STK、酪蛋白激酶、肌醇、信号识别蛋白(SRP)。抗寒品种特有的信号传导相关蛋白有水杨酸结合蛋白、CPK、钙调蛋白等。

GRP 是植物激素信号传导途径中的重要蛋白。ABP 是参与植物细胞膜上生长素响应过程的一种生长素受体。恢复处理下两个甜菜品种中 GRP 和 ABP 均表达上调,说明植物激素对甜菜的低温损伤恢复具有重要作用。水杨酸结合蛋白(SABP)的表达受盐胁迫、干旱胁迫的诱导,可以提高拟南芥对盐胁迫和干

旱胁迫的抗性。恢复处理下抗寒品种中 SABP 表达上调。ABA 胁迫成熟蛋白 1
能够参与叶鞘基部植物生长的调控，在 GID1 和 SLR1 下游的赤霉素信号传导途
径中起作用。通过调节 ABA 的生物合成，促进气孔闭合，在应对干旱、冷、渗透
压等逆境胁迫时发挥积极作用，恢复处理下敏感品种中 ABA 胁迫成熟蛋白 1 表
达上调。

STK 是丝裂原活化蛋白激酶信号传导途径的重要激酶。研究表明甘蔗中
的 STK 基因对甘蔗的代谢和发育信号传导有重要作用。锻炼处理和冷冻处理
下抗寒品种中 STK 表达上调，而敏感品种中表达下调。酪蛋白激酶能够在真核
细胞中充当信号传导途径的调节剂，包括酪蛋白激酶 1（CK1）和酪蛋白激酶 2
（CK2），低温处理下，两个甜菜品种中酪蛋白激酶均表达上调。

肌醇在植物生长发育中具有重要作用，能够参与磷脂酰肌醇（PI）的信号传
导、生长素的储存和运输以及植物响应胁迫等生命活动。姚慧研究发现肌醇及
其衍生物可以缓解低温对玉米幼苗的伤害，郭元飞等人发现肌醇能够提高水稻
幼苗的抗寒性。在抗寒品种中发现肌醇 – 四磷酸 1 – 激酶 1、肌苷 –5′– 单磷酸
脱氢酶、肌醇 –3– 磷酸合成酶等多个肌醇相关蛋白均表达上调，敏感品种中肌
醇 – 四磷酸 1 – 激酶 1 表达下调。研究表明拟南芥中 PI 转运相关蛋白
ZmSEC14p 过表达可以提高转基因植株的抗寒性，但在本书中抗寒品种的 PI 转
运蛋白 DDB 表达下调。

蛋白质在合成之后会被转运到相应的细胞器或者细胞外，而分泌蛋白和膜
蛋白还需要信号识别颗粒才能转运到细胞膜。SRP 在分泌蛋白合成和转运的过
程中起着重要的作用，SRP 是核糖体蛋白复合物，它能够识别新生链上的信号
序列，并且能够介导核糖体与内质网膜结合。低温处理下，两个品种中 SRP 均
表达上调。

CPK 是一类能够调节植物生长发育、参与植物逆境防御等活动的 Ca^{2+} 结合
蛋白。钙调蛋白能够作为植物细胞内的钙感受器，参与调控多种生理活动。在
冷冻和恢复处理下抗寒品种都出现了这两类蛋白质表达上调的情况，其中，恢
复处理下 CRT 前体也呈现上调水平，可能与 Ca^{2+} 信号传导途径的加强有关，敏
感品种中未发现与 Ca^{2+} 信号传导相关的蛋白质。

半胱氨酸蛋白酶抑制剂能够参与调控植物种子萌发、发育以及细胞程序性
死亡等，研究表明其能够提高植物的抗性。低温处理下，敏感品种中半胱氨酸

蛋白酶抑制剂表达下调,说明低温可能影响该酶的活性。另外,在低温处理下敏感品种中还发现抗病毒相关蛋白表达上调,包括干扰素 α 样蛋白、抗病毒蛋白Ⅰ、抗病毒蛋白等。

4.3.4　蛋白质合成相关蛋白

核糖体蛋白在蛋白质的生物合成中起重要作用,具有调控转录、细胞增殖、分化和凋亡等功能。Kim 从大豆中分离出 3 个低温诱导的核糖体蛋白,它们分别被 *GmRPS*13(742 bp)、*GmRPS*6(925 bp)、*GmRPL*37(494 bp)3 个基因编码,与人参、芦笋的 40S 核糖体蛋白以及拟南芥的 60S 核糖体蛋白具有同一性。低温处理 3 天后这些核糖体蛋白基因的表达开始增加,在晚期能够参与冷适应过程中的次级信号传导。本书 R – CK 处理中鉴定到多种与蛋白质生物合成相关的差异表达蛋白,包括 10 个 40S 小亚基、1 个 50S 小亚基和 17 个 60S 大亚基,另外,还有 8 种翻译起始因子、1 种延伸因子。与对照相比,恢复处理下这些蛋白质均表达上调。上调的差异表达蛋白可能参与了低温诱导蛋白和冷应激反应蛋白的翻译。低温处理后敏感品种中核糖体蛋白较少,仅有的 1 个 30S 核糖体蛋白 S20 表达下调。

核糖体失活蛋白(RIP)是一类广泛存在于高等植物细胞中的能抑制蛋白质合成的毒蛋白,不仅能够抑制植物病毒和真菌感染,还能作为蛋白质合成的调节因子调节细胞代谢,并能作为一种储存蛋白用于保存能量。RIP 以不具活性的前体存在,必要时加工为活性状态,有活性的 RIP 与自身核糖体是分离的。当植物衰老或遭受外界环境压力时,RIP 会被诱导或活性增加。这极有可能是一种植物自身防御机制。恢复处理下,两个品种的多个 RIP 表达上调,可能在一些由于低温损害而注定要死亡的细胞内,RIP 出现活性或者原有的 RIP 活性大大提高,它们通过失活核糖体而终止蛋白质合成,调节细胞的代谢以恢复细胞正常功能。

泛素是在动植物中广泛分布的保守小蛋白,在蛋白质降解标记、DNA 修复、基因转录调控及信号传导等各个生命活动中发挥着重要的作用。研究表明,泛素能够通过泛素 – 蛋白酶途径降解在逆境下损坏的蛋白质,从而维持植物体的正常运转,以协助植物抵御不良环境。研究人员证明拟南芥 PUB22 和 PUB23

能通过泛素化来协调干旱信号传导通路。郭启芳等人发现过表达的泛素单体基因能够提高转基因植株对高盐、低温等胁迫的抗性。低温处理下两个甜菜品种中多个泛素相关蛋白表达上调，可能与甜菜抗寒性的提高有关。

4.3.5 光合作用相关蛋白

叶绿素 ab 结合蛋白是一种能够参与叶绿素结合、非光化学淬灭、PS I 中的光捕获等多项光合活动的蛋白质，该蛋白质的采光复合体（LHC）可作为光接收器，捕获并向光系统传递激发能。锻炼处理下，抗寒品种中发现多个叶绿素 ab 结合蛋白，叶绿素 ab 结合蛋白 4、叶绿素 ab 结合蛋白 CP24 和 CP26 均表达上调，说明锻炼处理可能通过加强光捕获和调节光合作用能力来适应低温。冷冻处理下，抗寒品种的光合 NDH 亚基、PS I 反应中心亚单位均表达上调，PS II 修复蛋白 PSB27 - H1 表达下调；脱镁叶绿酸加氧酶能够催化叶绿素 a 的叶绿素分解代谢，属于叶绿素分解代谢酶，参与叶绿素降解途径。恢复处理下，抗寒品种的脱镁叶绿酸加氧酶表达上调，产氧增强子蛋白 2、类囊体腔内 15 kDa 蛋白 1、PS I 蛋白 P（PS I - P）均表达下调。另外，恢复处理与冷冻处理相比，核酮糖二磷酸羧化酶小链和类胡萝卜素裂解双加氧酶 4 均表达下调。

敏感品种中仅有的与光合作用相关的蛋白质为早期光诱导蛋白 2，其通过抑制整个叶绿素的生物合成途径来防止游离叶绿素的过量积累，从而防止光氧化胁迫，具有光保护功能，在抗寒品种和敏感品种恢复处理阶段均表达上调。

4.3.6 与转运相关蛋白

本书鉴定出多个低温条件下与转运相关的蛋白质，包括锌指蛋白、微管蛋白、ABC 转运蛋白、糖转运蛋白、V 型质子 ATP 酶亚基等。

锌指蛋白是具有手指状结构域的蛋白质，能够识别和结合 DNA、RNA 和蛋白质，主要作用是调控基因表达。Vogel 发现低温条件下拟南芥中 ZAT12 能够抑制关键低温胁迫响应转录因子 CBFV 的表达。微管蛋白在有丝分裂细胞周期中发挥重要作用，并能够通过 ATP 供能参与植物体的物质运输。在低温处理下的抗寒品种中发现锌指蛋白、α - 微管蛋白、β - 微管蛋白均上调表达。ABC

转运蛋白是位于细胞膜上的转运蛋白,主要通过水解 ATP 来完成离子、糖、脂质、肽及蛋白质等多种底物的转运。研究发现 ABC 转运蛋白不仅能够增强植物对重金属离子胁迫的耐受性,而且还参与各种糖类的转运从而抵御低温环境,增强植物对胁迫环境的适应。V 型质子 ATP 酶亚基参与维持植物细胞内外环境的平衡和主动运输,本书发现低温处理下两个甜菜品种中多个 ABC 转运蛋白和 V 型质子 ATP 酶表达上调。

在两个甜菜品种中还发现钠/丙酮酸共转运体 BASS2、糖转运蛋白 13、双孔钙通道蛋白 1A、水通道蛋白 PIP2 – 1 等转运蛋白表达上调,说明植物幼苗能够适应低温胁迫环境的一部分原因是它可以通过改变膜转运蛋白的产生而减轻不利环境的伤害。

4.3.7　细胞壁合成相关蛋白

研究表明,低温胁迫下小麦根组织的膨胀素基因表达量显著升高。富含甘氨酸的细胞壁结构蛋白是植物细胞壁的结构重复,能够通过细胞伸长参与器官生长。XTH 广泛存在于植物细胞中,具有合成、强化、降解细胞壁的作用。研究表明,盐胁迫下转 *XTH* 基因的胡杨有较高的耐盐性。恢复处理下抗寒品种中以上 3 种蛋白质与对照处理相比均表达上调。

参考文献

[1] 丛日征, 张吉利, 王思瑶, 等. 植物抗寒性鉴定及其生理生态机制研究进展[J]. 温带林业研究, 2020, 3(1): 27 - 33.

[2] HUANG Z, ZHANG X X, JIANG S H, et al. Analysis of cold resistance and identification of SSR markers linked to cold resistance genes in *Brassica rapa* L. [J]. Breeding Science, 2017, 67(3): 213 - 220.

[3] MCCULLY M E, CANNY M J, HUANG C X. The management of extracellular Ice by petioles of frost - resistant herbaceous plants[J]. Annals of Botany, 2004 (5): 665 - 674.

[4] 施应宣. 园艺植物冷害和抗冷性分析[J]. 农业开发与装备, 2020(3): 108, 118.

[5] 乌凤章, 王贺新, 徐国辉, 等. 木本植物低温胁迫生理及分子机制研究进展[J]. 林业科学, 2015, 51(7): 116 - 128.

[6] 李文明, 辛建攀, 魏驰宇, 等. 植物抗寒性研究进展[J]. 江苏农业科学, 2017, 45(12): 6 - 11.

[7] 许瑛, 陈发棣. 菊花8个品种的低温半致死温度及其抗寒适应性[J]. 园艺学报, 2008(4): 559 - 564.

[8] 杨宁宁, 孙万仓, 刘自刚, 等. 北方冬油菜抗寒性的形态与生理机制[J]. 中国农业科学, 2014, 47(3): 452 - 461.

[9] 曹红星, 孙程旭, 冯美利, 等. 低温胁迫对海南本地种油棕幼苗的生理生化响应[J]. 西南农业学报, 2011, 24(4): 1282 - 1285.

［10］尤扬，王贤荣，张晓云. 低温对桂花"状元红"叶肉细胞超微结构的影响［J］. 中国细胞生物学学报，2018，40(5)：752 – 758.

［11］简令成. 植物抗寒机理研究的新进展［J］. 植物学通报，1992，9(3)：17 – 22.

［12］SANCHEZ – BEL P, EGEA I, SANCHEZ – BALLESTA M T, et al. Proteome changes in tomato fruits prior to visible symptoms of chilling injury are linked to defensive mechanisms, uncoupling of photosynthetic processes and protein degradation machinery［J］. Plant and Cell Physiology, 2012, 53：470 – 484.

［13］PARTHIBAN S, KIYOON K, RAMASAMY K, et al. Cold stress tolerance in psychrotolerant soil bacteria and their conferred chilling resistance in tomato (*Solanum lycopersicum* Mill.) under low temperatures［J］. PLoS ONE, 2016, 11：1 – 17.

［14］武辉，侯丽丽，周艳飞，等. 不同棉花基因型幼苗耐寒性分析及其鉴定指标筛选［J］. 中国农业科学，2012，45(9)：1703 – 1713.

［15］相昆，张美勇，徐颖，等. 不同核桃品种耐寒特性综合评价［J］. 应用生态学报，2011，22(9)：2325 – 2330.

［16］刘杜玲，张博勇，孙红梅，等. 早实核桃不同品种抗寒性综合评价［J］. 园艺学报，2015，42(3)：545 – 553.

［17］马娟娟，赵斌，陈颖，等. 4 个北美冬青品种苗对低温胁迫的生理响应及抗寒性比较［J］. 南京林业大学学报(自然科学版)，2020，44(5)：34 – 40.

［18］王惠芝，李敬川，宫英振. 河北省主栽海棠品种抗寒性研究［J］. 现代农业科技，2020(21)：156 – 158，165.

［19］曹晓敏，迟馨，弟豆豆，等. 6 种苹果砧木的抗寒性比较研究［J］. 中国果树，2020(4)：12 – 17.

［20］赵雪辉，陈双建，成继东，等. 3 个桃品种抗寒性分析研究［J］. 果树资源学报，2020，1(6)：14 – 19.

［21］马若晨，乔鑫，刘秀丽. 4 个三角梅品种的耐寒性评价［J］. 分子植物育种，2021，19(2)：687 – 696.

［22］NAZARI M, AMIRI R M, MEHRABAN F H, et al. Change in antioxidant responses against oxidative damage in black chickpea following cold acclimation [J]. Russian Journal of Plant Physiology, 2012, 59(2): 183 – 189.

[23]LEYVA R, CONSTÁN – AGUILAR C, BLASCO B, et al. A fogging system improves antioxidative defense responses and productivity in tomato [J]. Journal of the American Society for Horticultural Science, 2013, 138(4): 267 – 276.

[24]姜丽娜, 张黛静, 宋飞, 等. 不同品种小麦叶片对拔节期低温的生理响应及抗寒性评价[J]. 生态学报, 2014, 34(15): 4251 – 4261.

[25]吕优伟, 贺佳圆, 白小明, 等. 9 个野生早熟禾对低温胁迫的生理响应及苗期抗寒性评价[J]. 草地学报, 2014, 22(2): 326 – 333.

[26] REN L P, SUN J, CHEN S M, et al. A transcriptomic analysis of *Chrysanthemum nankingense* provides insights into the basis of low temperature tolerance[J]. Bmc Genomics, 2014, 15(1): 844.

[27]赵慧, 赵一博, 郭江波, 等. 植物耐受低温胁迫研究进展[J]. 种子, 2017, 36(5): 47 – 50.

[28]董亮, 何永志, 王远亮, 等. 超氧化物歧化酶(SOD)的应用研究进展[J]. 中国农业科技导报, 2013, 15(5): 53 – 58.

[29]闫蕾. 甘蓝型油菜抗寒资源筛选及抗寒性机理研究[D]. 华中农业大学, 2019.

[30]张静, 李园园, 黄盈盈, 等. 低温胁迫下活性氧代谢与烟草花芽分化的研究[J]. 作物杂志, 2015(4): 74 – 80.

[31]王宁. 植物抗寒生理性研究进展[J]. 北方园艺, 2014(4): 174 – 177.

[32]田丹青, 葛亚英, 潘刚敏, 等. 低温胁迫对 3 个红掌品种叶片形态和生理特性的影响[J]. 园艺学报, 2011, 38(6): 1173 – 1179.

[33]WALKER D J, ROMERO P, CORREAL E. Cold tolerance, water relations and accumulation of osmolytes in *Bituminaria bituminosa* [J]. Biologia Plantarum, 2010, 54(2): 293 – 298.

[34]王小华, 庄南生. 脯氨酸与植物抗寒性的研究进展[J]. 中国农学通报, 2008, 24(11): 398 – 402.

[35]MOLINARI H B C, MARUR C J, FILHO J C B, et al. Osmotic adjustment in

transgenic citrus rootstock *Carrizo citrange* (*Citrus sinensis* Osb. × *Poncirus trifoliata* L. Raf.) overproducing proline[J]. Plant Scinence, 2004, 167(6): 1375 – 1381.

[36] 黄月华. 五种桉树苗期耐寒性能的初步研究[D]. 华南热带农业大学, 2003.

[37] 黄伟超, 范宇博, 王泳超. 低温胁迫对玉米幼苗抗氧化系统及渗透调节物质的影响[J]. 中国农学通报, 2018, 34(24): 6 – 12.

[38] 张南, 秦智伟. 低温处理对菠菜生理生化指标的影响[J]. 中国蔬菜, 2007, 11(11): 22 – 24.

[39] 王淑杰, 王家民, 李亚东, 等. 可溶性全蛋白、可溶性糖含量与葡萄抗寒性关系的研究[J]. 北方园艺, 1996(2): 77 – 78.

[40] 陈奇, 袁金海, 孙万仓, 等. 低温胁迫下白菜型冬油菜与春油菜叶片光合特性及内源激素变化比较[J]. 中国油料作物学报, 2017, 39(1): 37 – 46.

[41] 何迷, 李小波, 施继芳, 等. 低温对水稻光合特性的影响[J]. 湖南农业科学, 2020(8): 12 – 15.

[42] 李萌. 玉米低温响应转录组及相关基因功能分析[D]. 山东农业大学, 2018.

[43] 武辉, 戴海芳, 张巨松, 等. 棉花幼苗叶片光合特性对低温胁迫及恢复处理的响应[J]. 植物生态学报, 2014, 38(10): 1124 – 1134.

[44] 沈立明, 钟惠, 朱雅婷, 等. 温度胁迫下4种广义虾脊兰属植物的光合特性[J]. 森林与环境学报, 2021, 41(1): 60 – 65.

[45] 童超. ABA生理功能与信号转导相关综述[J]. 科技资讯, 2008(10): 44 – 45.

[46] ZHANG Y, LAN H X, SHAO Q L, et al. An A20/AN1 – type zinc finger protein modulates gibberellins and abscisic acid contents and increases sensitivity to abiotic stress in rice (*Oryza sativa*)[J]. Journal of Experimental Botany, 2016, 67(1): 315 – 326.

[47] CHRISTINE H F, GRAHAM N. Redox homeostasis and antioxidant signaling: a metabolic interface between stress perception and physiological responses[J].

The Plant Cell, 2005, 17(7): 1866 – 1875.

[48]SAVITCH L V, ALLARD G, SEKI M, et al. The effect of overexpression of two *Brassica* CBF/DREB1 – like transcription factors on photosynthetic capacity and freezing tolerance in *Brassica napus*[J]. Plant and Cell Physiology, 2005, 46(9): 1525 – 1539.

[49]杨玉珍, 雷志华, 彭方仁. 低温诱导蛋白及其与植物的耐寒性研究进展[J]. 西北植物学报, 2007, 27(2): 421 – 428.

[50] KIYOSUE T, YAMAGUCHI S K, SHINOZAKI K, et al. Isolation and characterization of a cDNA that encodes ECP31, an embryogenic – cell protein from carrot[J]. Plant Molecular Biology, 1992, 19(2): 239 – 249.

[51]JIANG M Y, ZHANG J H. Involvement of plasma – membrane NADPH oxidase in abscisic acid – and water stress – induced antioxidant defense in leaves of maize seedlings[J]. Planta, 2002, 215(6): 1022 – 1030.

[52]杨佳明, 司龙亭, 闫世江, 等. 黄瓜叶片内源激素含量与耐低温性的关系研究[J]. 安徽农业科学, 2009, 37(11): 4940 – 4941, 4953.

[53]曾光辉, 马青平, 王伟东, 等. 自然低温对茶树内源激素含量的影响[J]. 茶叶科学, 2016, 36(1): 85 – 91.

[54]田小霞, 孟林, 毛培春, 等. 低温条件下不同抗寒性薰衣草内源激素的变化[J]. 植物生理学报, 2014, 50(11): 1669 – 1674.

[55]KUREPIN L V, IVANOV A G, ZAMAN M, et al. Stress – related hormones and glycinebetaine interplay in protection of photosynthesis under abiotic stress conditions[J]. Photosynthesis Research, 2015, 126(2 – 3): 221 – 235.

[56]刘海卿, 方园, 武军艳, 等. 低温胁迫下内源 ABA、GA 及比值对白菜型和甘蓝型冬油菜抗寒性的响应[J]. 中国生态农业学报, 2016, 24(11): 1529 – 1538.

[57]严寒静, 谈锋. 自然降温过程中栀子叶片脱落酸、赤霉素与低温半致死温度的关系[J]. 西南师范大学学报(自然科学版), 2001, 26(2): 195 – 199.

[58]曲凌慧, 林志强, 车永梅, 等. 三个葡萄品种叶片中激素变化与抗寒性关系的研究[J]. 北方园艺, 2009(6): 1 – 5.

[59] 田小霞, 孟林, 毛培春, 等. 低温条件下不同抗寒性薰衣草内源激素的变化[J]. 植物生理学报, 2014, 50(11): 1669 – 1674.

[60] 李春燕, 徐雯, 刘立伟, 等. 低温条件下拔节期小麦叶片内源激素含量和抗氧化酶活性的变化[J]. 应用生态学报, 2015, 26(7): 2015 – 2022.

[61] ZHAO C Z, ZHANG Z J, XIE S J, et al. Mutational evidence for the critical role of CBF transcription factors in cold acclimation in *Arabidopsis*[J]. Plant Physiology, 2016, 171(4): 2744 – 2759.

[62] GILROY S, BIAłASEK M, SUZUKI N, et al. ROS, calcium, and electric signals: key mediators of rapid systemic signaling in plants [J]. Plant Physiology, 2016, 171(3): 1606 – 1615.

[63] FURUYA T, MATSUOKA D, NANMORI T. Membrane rigidification functions upstream of the MEKK1 – MKK2 – MPK4 cascade during cold acclimation in *Arabidopsis thaliana*[J]. FEBS Lett, 2014, 588(11): 2025 – 2030.

[64] HUO C M, ZHANG B W, WANG H, et al. Comparative study of early cold – regulated proteins by two – dimensional difference gel electrophoresis reveals a key role for phospholipase dα1 in – mediating cold acclimation signaling pathway in rice [J]. Molecular and Cellular Proteomics, 2016, 15(4): 1397 – 1441.

[65] TEIGE M, SCHEIKL E, EULGEM T, et al. The MKK2 pathway mediates cold and salt stress signaling in *Arabidopsis*[J]. Molecular Cell, 2004, 15(1): 141 – 152.

[66] 李任任, 吕春华, 於丽华, 等. 植物非编码 RNA 及其在甜菜中的应用研究[J]. 中国糖料, 2019, 41(3): 63 – 69.

[67] MEGHA S, BASU U, KAV N. Regulation of low temperature stress in plants by microRNAs[J]. Plant, Cell & Environment, 2018, 41(1): 1 – 15.

[68] SUNKAR R, LI Y F, JAGADEESWARAN G. Functions of microRNAs in plant stress responses[J]. Trends in Plant Science, 2012, 17(4): 196 – 203.

[69] 王丽丽, 赵韩生, 孙化雨, 等. 胁迫条件下毛竹 miR164b 及其靶基因 PeNAC1 表达研究[J]. 林业科学研究, 2015, 28(5): 605 – 611.

[70] 耿贵, 吕春华, 於丽华, 等. 甜菜组学技术研究进展[J]. 中国农学通报,

2019, 35(12): 124 - 129.

[71]李任任, 吕春华, 於丽华, 等. 滤泥对改良酸性土、促进甜菜生长的施用效果研究[J]. 中国农学通报, 2020, 36(7): 22 - 28.

[72]林曦, 刘春龙, 张微微, 等. 甜菜渣的营养价值及其在奶牛养殖中的应用[J]. 当代畜禽养殖业, 2011(9): 56 - 59.

[73]韩亚钦, 徐修容. 甜菜苗期冻害的初步研究[J]. 中国糖料, 1988(3): 18 - 24.

[74]丁广洲, 陈丽, 赵春雷, 等. 甜菜耐低温种质筛选和苗期耐冷性鉴定[J]. 种子, 2013, 32(8): 1 - 6.

[75]白阳阳. 甜菜幼苗耐寒性生理基础的研究[D]. 内蒙古农业大学, 2017.

[76]韩振津. 甜菜苗期冻害的调查与分析[J]. 中国糖料, 1980(3): 40 - 43.

[77]孙宽莹, 陈彦. 植物内源激素的分析方法[J]. 湖北农业科学, 2011, 50(18): 3681 - 3683, 3690.

[78]相昆, 徐颖, 王新亮, 等. 低温胁迫对核桃枝条活性氧代谢的影响[J]. 江西农业学报, 2014, 26(1): 35 - 37.

[79]程军勇, 姜德志, 邓先珍, 等. 低温胁迫下的油茶品种耐寒性评价[J]. 湖北农业科学, 2017, 56(18): 3484 - 3488, 3496.

[80]李海珍, 刘雪莹, 安刚, 等. 低温胁迫对甜瓜砧木幼苗生理生化指标的影响[J]. 北京农学院学报, 2017, 32(1): 33 - 36.

[81]张悦, 周琳, 张会慧, 等. 低温胁迫对蓝莓枝条呼吸作用及生理生化指标的影响[J]. 经济林研究, 2016, 34(2): 12 - 18.

[82]GARG N, MANCHANDA G. ROS generation in plants: boon or bane? [J] Plant Biosys, 2009, 143: 88 - 96.

[83]KANG H M, SALTVEIT M E. Reduced chilling tolerance in elongating cucumber seedling radicles is related to their reduced antioxidant enzyme and DPPH - radical scavenging activity[J]. Physiologia Plantarum, 2010, 115(2): 244 - 250.

[84]HUANG M, GUO Z. Responses of antioxidative system to chilling stress in two rice cultivars differing in sensitivity[J]. Biologia Plantarum, 2006, 49(1): 81 - 84.

［85］CHELIKANI P, FITA I, LOEWEN P C. Diversity of structures and properties among catalases［J］. Cellular and Molecular Life Sciences, 2004, 61（2）: 192 – 208.

［86］LEGALL H, FONTAINE J X, MOLINIÉ R, et al. NMR – based metabolomics to study the cold – acclimation strategy of two miscanthus genotypes［J］. Phytochemical Analysis, 2017, 28（1）: 58 – 67.

［87］WANG Q, CHENG T R, YU X N, et al. Physiological and biochemical responses of six herbaceous peony cultivars to cold stress［J］. South African Journal of Botany, 2014, 94: 140 – 148.

［88］赵红军, 欧欢, 林敏娟, 等. 不同低温处理时间对扁桃枝条抗寒性的影响［J］. 天津农业科学, 2019, 25（9）: 1 – 6.

［89］颜志明, 冯英娜, 韩艳丽, 等. 外源脯氨酸对盐胁迫下甜瓜脯氨酸代谢的影响［J］. 西北植物学报, 2015, 35（10）: 2035 – 2041.

［90］沙汉景, 刘化龙, 王敬国, 等. 外源脯氨酸对盐胁迫下水稻分蘖期生长的影响［J］. 农业现代化研究, 2013, 34（2）: 230 – 234.

［91］王兆. 低温胁迫对彩叶草的生理效应及抗寒性研究［D］. 福建农林大学, 2014.

［92］周桂英, 王四清, 陈卿然, 等. 8 种大花蕙兰抗寒性指标的筛选及评价［J］. 福建农林大学学报（自然科学版）, 2017, 46（1）: 37 – 42.

［93］余丽玲. 西洋杜鹃四个品种抗寒性对比研究［D］. 福建农林大学, 2014.

［94］李长慧, 李淑娟, 刘艳霞, 等. 低温胁迫对 10 份鹅观草属野生种质抗寒生理指标的影响［J］. 草业科学, 2018, 35（1）: 123 – 132.

［95］方柔. 低温胁迫对乌菜幼苗叶绿体功能及抗氧化能力的影响［D］. 安徽农业大学, 2018.

［96］KLIMOV S V. Freezing tolerance of winter wheat plants depends on adaptation of photosynthesis and respiration in different time intervals［J］. Izvestiia Akademii Nauk Seriia Biologicheskaia, 2009（3）: 313 – 322.

［97］杨朴丽, 徐荣, 杨焱, 等. 低温胁迫对诺丽幼苗叶片光合荧光特性的影响［J］. 热带作物学报, 2021, 42（2）: 455 – 464.

［98］ZHANG Z S, JIA Y J, GAO H Y, et al. Characterization of PSI recovery after chilling – induced photoinhibition in cucumber(*Cucumis sativus* L.)leaves[J]. Planta, 2011, 234(5): 883 – 889.

[99]郑春芳, 陈威, 刘伟成, 等. 低温胁迫后红树植物秋茄幼苗光合特性及蔗糖代谢的恢复机制[J]. 生态学杂志, 2020, 39(12): 4048 – 4056.

[100]薛爽, 饶丽莎, 左丹丹, 等. 植物低温胁迫响应机理的研究进展[J]. 安徽农业科学, 2016, 44(33): 17 – 19, 48.

[101] CAPELL B, DÖRFFLING K. Genotype – specific differences in chilling tolerance of maize in relation to chilling – induced changes in water status and abscisic acid accumulation[J]. Physiologia Plantarum, 2010, 88(4): 638 – 646.

[102] Seilaniantz A R, Navarro L, Bari R, et al. Pathological hormone imbalances [J]. Current Opinion in Plant Biology, 2007, 10(4): 372 – 379.

[103]LU W, TANG X L, HUO Y Q, et al. Identification and characterization of fructose 1,6 – bisphosphate aldolase genes in *Arabidopsis* reveal a gene family with diverse responses to abiotic stresses [J]. Gene, 2012, 503 (1): 65 – 74.

[104]CHEN J H, TIAN Q Q, PANG T, et al. Deep – sequencing transcriptome analysis of low temperature perception in a desert tree, Populus euphratica [J]. BMC Genomics, 2014, 15(1): 326.

[105]崔光红, 王学勇, 冯华, 等. 丹参乙酰 CoA 酰基转移酶基因全长克隆和 SNP 分析[J]. 药学学报, 2010, 45(6): 785 – 790.

[106]NEMCHENKO A, KUNZE S, FEUSSNER I, et al. Duplicate maize 13 – lipoxygenase genes are differentially regulated by circadian rhythm, cold stress, wounding, pathogen infection, and hormonal treatments[J]. Journal of Experimental Botany, 2006, 57(14): 3767 – 3779.

[107]TOMOYOSHI A, TOSHIO A, SHIN I A. Molecular and biochemical characterization of 2 – hydroxyisoflavanone dehydratase. Involvement of carboxylesterase – like proteins in leguminous isoflavone biosynthesis [J]. Plant Physiology, 2005, 137: 882 – 891.

[108]CHINI A, MONTE I, ZAMARREÑO A M, et al. An OPR3 – independent

pathway uses 4, 5 – didehydrojasmonate for jasmonate synthesis[J]. Nature Chemical Biology, 2018, 14(2): 171 – 178.

[109]FINKEMEIER I, GOODMAN M, LAMKEMEYER P, et al. The mitochondrial type II peroxiredoxin F is essential for redox homeostasis and root growth of *Arabidopsis thaliana* under stress[J]. Journal of Biological Chemistry, 2005, 280(13): 12168 – 12180.

[110]SHIN S Y, KIM I S, KIM Y H, et al. Scavenging reactive oxygen species by rice dehydroascorbate reductase alleviates oxidative stresses in *Escherichia coli* [J]. Molecules and Cells, 2008, 26(6): 616 – 620.

[111]MOONS A. Osgstu3 and osgtu4, encoding tau class glutathione S – transferases, are heavy metal – and hypoxic stress – induced and differentially salt stress – responsive in rice roots1[J]. FEBS Letters, 2003, 553(3): 427 – 432.

[112]ROUHIER N, LEMAIRE S D, JACQUOT J P. The role of glutathione in photosynthetic organisms: emerging functions for glutaredoxins and glutathionylation[J]. Annual Review of Plant Biology, 2008, 59: 143 – 166.

[113]ROXAS V P, LODHI S A, GARRETT D K, et al. Stress tolerance in transgenic tobacco seedlings that overexpress glutathione S – transferase/glutathione peroxidase[J]. Plant & Cell Physiology, 2000, 41(11): 1229 – 1234.

[114]CHEN J H, JIANG H W, HSIEH E J, et al. Drought and salt stress tolerance of an *Arabidopsis* glutathione S – transferase U17 knockout mutant are attributed to the combined effect of glutathione and abscisic acid[J]. Plant Physiology, 2012, 158(1): 340 – 351.

[115]SINGH N K, KUMAR K R, KUMAR D, et al. Characterization of a pathogen induced thaumatin – like protein gene AdTLP from *Arachis diogoi*, a wild peanut[J]. PLoS ONE, 2013, 8(12): e83963.

[116]DAGAR A, FRIEDMAN H, LURIE S. Thaumatin – like proteins and their possible role in protection against chilling injury in peach fruit [J]. Postharvest Biology and Technology, 2010, 57(2): 77 – 85.

[117] 陈明帅, 徐超, 宋兴超, 等. 热休克蛋白的研究进展[J]. 经济动物学报, 2016, 20(1): 44 – 53.

[118] WANG M C, PENG Z Y, LI C L, et al. Proteomic analysis on a high salt tolerance introgression strain of *Triticum aestivum/Thinopyrum ponticum*[J]. Proteomics, 2008, 8: 1470 – 1489.

[119] 董战旗, 蒋亚明, 潘敏慧. 家蚕热休克蛋白 HSP60 相互作用蛋白筛选与鉴定[J]. 中国农业科学, 2019, 52(2): 376 – 384.

[120] PI E X, QU L Q, HU J Q, et al. Mechanisms of soybean roots tolerances to salinity revealed by proteomic and phosphoproteomic comparisons between two cultivars[J]. Molecular Cellular Proteomics, 2016, 15: 266 – 288.

[121] SONG H M, FAN P X, LI Y X. Overexpression of qrganellar and cytosolic AtHSP90 in *Arabidopsis thaliana* impairs plant tolerance to oxidative stress [J]. Plant Molecular Biology Reporter, 2009, 27: 342 – 349.

[122] MORI Y, SATO Y, TAKAMATSU S. Molecular phylogeny and radiation time of *Erysiphales inferred* from the nuclear ribosomal DNA sequences [J]. Mycoscience, 2000, 41(5): 437 – 447.

[123] KUROYANAGI M, YAMADA K, HATSUGAI N, et al. Vacuolar processing enzyme is essential for mycotoxin – induced cell death in *Arabidopsis thaliana* [J]. The Journal of Biological Chemistry, 2005, 280(38): 32914 – 32920.

[124] HATSUGAI N, KUROYANAGI M, NISHIMURA M, et al. A cellular suicide strategy of plants: vacuole – mediated cell death[J]. Apoptosis, 2006, 11 (6): 905 – 911.

[125] 黄桃鹏, 李媚娟, 王睿, 等. 赤霉素生物合成及信号转导途径研究进展 [J]. 植物生理学报, 2015, 51(8): 1241 – 1247.

[126] 沈亚琦, 项圆圆, 刘家林, 等. 植物激素调控水稻花药发育的研究进展 [J]. 江西农业学报, 2020, 32(10): 7 – 11.

[127] 贾亚军, 王晓婷, 许娜, 等. 大豆水杨酸结合蛋白基因 *GmSABP*2 的克隆及功能分析[J]. 中国农业科学, 2015, 48(18): 3580 – 3588.

[128] TAKASAKI H, MAHMOOD T, MATSUOKA M, et al. Identification and characterization of a gibberellin – regulated protein, which is ASR5, in the

basal region of rice leaf sheaths[J]. Molecular Genetics & Genomics, 2008, 279(4): 359 – 370.

[129]LI J J, LI Y, YIN Z G, et al. OsASR5 enhances drought tolerance through a stomatal closure pathway associated with ABA and H_2O_2 signalling in rice [J]. Plant Biotechnol J, 2017, 15(2): 183 – 196.

[130]安秋霞, 蒙艳丽, 吕丹丹, 等. 丝裂原活化蛋白激酶信号通路的研究进展 [J]. 黑龙江中医药, 2016, 45(5): 65 – 66.

[131]叶冰莹, 薛婷, 陈玲, 等. 甘蔗不同组织丝氨酸/苏氨酸蛋白激酶基因家族的表达分析[J]. 中国酿造, 2013, 32(8): 75 – 79.

[132]姚慧. 肌醇及其衍生物对玉米幼苗冷害的缓解效应[D].南京农业大学, 2014.

[133]郭元飞, 甘立军, 朱昌华, 等. 肌醇对水稻幼苗抗寒性的影响[J]. 江苏农业学报, 2014, 30(6): 1216 – 1221.

[134]WANG X Y, SHAN X H, XUE C M, et al. Isolation and functional characterization of a cold responsive phosphatidylinositol transfer – associated protein, ZmSEC14p, from maize (*Zea may* L.) [J]. Plant Cell Reports, 2016, 35(8): 1671 – 1686.

[135]崔艳艳, 张士彬, 谢能中, 等. 信号识别颗粒调控蛋白转运系统[J]. 微生物学通报, 2016, 43(6): 1358 – 1365.

[136]NILSSON R, VAN WIJK K J. Transient interaction of cpSRP54 with elongating nascent chains of the chloroplast – encoded D1 protein: "cpSRP54 caught in the act"[J]. FEBS Letters, 2002, 524(1): 1 – 3.

[137]王淑娟, 郭军, 段迎辉, 等. 小麦叶绿体信号识别颗粒 54 基因的克隆与分析[J]. 西北植物学报, 2008, 28(8): 1501 – 1506.

[138]曾后清, 张夏俊, 张亚仙, 等. 植物类钙调素生理功能的研究进展[J]. 中国科学(生命科学), 2016, 46: 705 – 715.

[139]王宇光. 甜菜 M14 品系半胱氨酸蛋白酶抑制剂基因功能的研究[D]. 黑龙江大学, 2011.

[140]田媛, 张俊平. 核糖体蛋白质的新功能及其与相关疾病的关系[J]. 生命的化学, 2011, 31(4): 488 – 491.

[141] KIM K Y, PARK S W, CHUNG Y S, et al. Molecular cloning of low – temperature – inducible ribosomal proteins from soybean [J]. Journal of Experimental Botany, 2004, 55(399): 1153 – 1155.

[142] 周冰, 曹诚, 刘传暄. 翻译延伸因子1A 的研究进展[J]. 生物技术通讯, 2007(2): 281 – 284.

[143] AKKOUH O, NG T B, CHEUNG R C F, et al. Biological activities of ribosome – inactivating proteins and their possible applications as antimicrobial, anticancer, and anti – pest agents and in neuroscience research [J]. Applied Microbiology & Biotechnology, 2015, 99(23): 9847 – 9863.

[144] 黄梦琦, 周娴, 李婧姝, 等. 植物核糖体失活蛋白研究进展[J]. 四川农业科技, 2018(8): 44 – 46.

[145] 李建国. 核糖体失活蛋白的研究进展[J]. 分子植物育种, 2005(4): 566 – 570.

[146] 黄新敏, 张艳霞, 万小荣. 泛素蛋白的研究进展[J]. 广东农业科学, 2010, 37(6): 191 – 194, 197.

[147] 侯学文, 郭勇. 泛肽与植物逆境响应[J]. 植物生理学通讯, 1998(6): 474 – 479.

[148] SEOK K C, MOON Y R, SONG C, et al. *Arabidopsis* PUB22 and PUB23 are homologous U – Box E3 ubiquitin ligases that play combinatory roles in response to drought stress[J]. The Plant Cell, 2008, 20(7): 1899 – 1914.

[149] 郭启芳. 改善泛素系统提高植物逆境适应性研究[D]. 山东农业大学, 2007.

[150] DE BIANCHI S, DALL OSTO L, TOGNON G, et al. Minor antenna proteins CP24 and CP26 affect the interactions between photosystem II subunits and the electron transport rate in grana membranes of *Arabidopsis*[J]. Plant Cell, 2008, 20(4): 1012 – 1028.

[151] 李先文, 谢素霞, 张苏锋, 等. 植物早期光诱导蛋白基因研究进展[J]. 植物生理学报, 2011, 47(6): 540 – 544.

[152] VOGEL J T, ZARKA D G, VAN BUSKIRK H A, et al. Roles of the CBF2 and ZAT12 transcription factors in configuring the low temperature

transcriptome of *Arabidopsis* ［J］. The Plant Journal, 2005, 41（2）: 195 – 211.

［153］LEWIS S E, LIVSTONE M S, THOMAS P D, et al. Phylogenetic – based propagation of functional annotations within the Gene Ontology consortium ［J］. Briefings in Bioinformatics, 2011, 12(5): 449 – 462.

［154］REA P A. Plant ATP – binding cassette transporters［J］. Annual Review of Plant Biology, 2007, 58(1): 347 – 375.

［155］VISHWAKARMA K, MISHRA M, PATIL G, et al. Avenues of the membrane transport system in adaptation of plants to abiotic stresses［J］. Critical Reviews in Biotechnology, 2019, 39(7): 861 – 883.

［156］李飞, 王晓磊, 徐永清, 等. 低温处理下东农冬麦 1 号小麦根组织 EXPA 基因的表达分析[J]. 麦类作物学报, 2016, 36(9): 1159 – 1166.

［157］MANGEON A, MAGIOLI C, MENEZES – SALGUEIRO A D, et al. AtGRP5, a vacuole – located glycine – rich protein involved in cell elongation ［J］. Planta, 2009, 230(2): 253 – 265.

［158］COSGROVE D J. Growth of the plant cell wall［J］. Nature Reviews Molecular Cell Biology, 2005, 6: 850 – 861.

［159］HAN Y S, WANG W, SUN J, et al. Populus euphratica XTH overexpression enhances salinity tolerance by the development of leaf succulence in transgenic tobacco plants ［J］. Journal of Experimental Botany, 2013, 64（14）: 4225 – 4238.

［160］石延霞, 于洋, 傅俊范, 等. 病原菌诱导后黄瓜叶片中脂氧合酶活性与茉莉酸积累的关系[J]. 植物保护学报, 2008, 35(6): 486 – 490.

附录

附表 1 不同处理条件下抗寒品种叶片差异表达蛋白

序号	功能分类	蛋白质名称	注释 ID	p 值	数量
A – CK					
1	代谢	2 – methyl – 6 – phytyl – 1,4 – hydroquinone methyltransferase	PF08241.13	0.034 5	16
2	代谢	adenylosuccinate synthetase 2	PF00709.22	0.037 9	17
3	代谢	beta – D – xylosidase 1	PF01915.23	0.000 264	23
4	代谢	beta – glucosidase 13	PF00232.19	0.035 29	15
5	代谢	cytochrome b – c1 complex subunit 9	PF05365.13	0.001 446	4
6	代谢	dia minopimelate epimerase, chloroplastic	PF01678.20	0.022 19	8

续表

序号	功能分类	蛋白质名称	p 值	注释 ID	数量
7	代谢	gamma - interferon - inducible lysosomal thiol reductase	0.014 14	PF03227.17	2
8	代谢	probable glutathione S - transferase	0.011 04	PF02798.21	9
9	代谢	probable glutathione S - transferase parC	0.032 76	PF02798.21	5
10	代谢	probable membrane metalloprotease ARASP2	0.006 443	PF02163.23	7
11	代谢	protein IN2 - 1 homolog B	0.025 35	PF13417.7	15
12	代谢	suppressor of disruption of TFIIS	0.004 097	PF13419.7	2
13	代谢	UDP - glycosyltransferase 79B6	0.003 036	PF00201.19	2
14	代谢	vacuolar - processing enzyme	0.000 657	PF01650.19	5
15	光合作用	chlorophyll a - b binding protein CP24	0.019 74	PF00504.22	14
16	光合作用	photosystem I reaction center subunit VI	0.012 25	PF03244.15	4
17	光合作用	photosystem I reaction center subunit XI	0.005 829	PF02605.16	13
18	蛋白质合成	40S ribosomal protein S12	0.007 483	PF01248.27	9
19	蛋白质合成	40S ribosomal protein S16	0.002 278	PF00380.20	7
20	蛋白质合成	40S ribosomal protein S2 - 2	0.030 38	PF00333.21	16
21	蛋白质合成	50S ribosomal protein L1, chloroplastic	0.003 754	PF00687.22	21
22	蛋白质合成	50S ribosomal protein L10, chloroplastic	0.006 941	PF00466.21	12
23	蛋白质合成	50S ribosomal protein L12, chloroplastic	0.045 19	PF00542.20	12
24	蛋白质合成	60S ribosomal protein L14 - 1	0.002 11	PF01929.18	8
25	蛋白质合成	60S ribosomal protein L3	0.015 22	PF00297.23	19
26	蛋白质合成	60S ribosomal protein L36 - 2	0.005 656	PF01158.19	3

续表

序号	功能分类	蛋白质名称	p 值	注释 ID	数量
27	蛋白质合成	60S ribosomal protein L6	0.004 916	PF01159.20	8
28	蛋白质合成	60S ribosomal protein L6	0.021 03	PF01159.20	9
29	信号传导	annexin D5	0.034 75	PF00191.21	6
30	信号传导	annexin – like protein RJ4	0.047 42	PF00191.21	18
31	信号传导	gibberellin – regulated protein 13 isoform X1	0.009 986	PF02704.15	2
32	信号传导	gibberellin – regulated protein 6	0.027 52	PF02704.15	6
33	信号传导	NADH dehydrogenase	0.044 88	PF01257.20	6
34	信号传导	probable zinc metalloprotease EGY1, chloroplastic	0.002 01	PF02163.23	4
35	信号传导	signal recognition particle 9 kDa protein	0.030 11	PF05486.13	2
36	信号传导	MLP – like protein 43	0.004 024	PF00407.20	5
37	信号传导	protein disulfide – isomerase 5 – 2	0.017 89	PF00085.21	2
38	信号传导	protein trichome birefringence – like 41	0.010 32	PF13839.7	3
39	信号传导	thaumatin – like protein 1	0.010 9	PF00314.18	10
40	转运	mitochondrial dicarboxylate/tricarboxylate transporter DTC	0.010 24	PF00153.28	11
41	转运	mitochondrial outer membrane protein porin of 34 kDa	0.009 191	PF01459.23	12
42	转运	outer envelope pore protein 24A, chloroplastic	0.003 874	—	7
43	转运	probable envelope ADP, ATP carrier protein, chloroplastic	0.007 008	PF00153.28	7
44	转运	protein mago nashi homolog	0.004 418	PF02792.15	2
45	转运	chaperonin CPN60 – 2, mitochondrial	0.006 537	PF00118.25	34
46	其他功能	translationally – controlled tumor protein homolog	0.014 96	PF00838.18	7

续表

序号	功能分类	蛋白质名称	p 值	注释 ID	数量
47	其他功能	orf155a gene product(mitochondrion)	0.002 1	PF00177.22	8
48	未知	uncharacterized protein At2g34160	0.049 58	PF01918.22	5
49	未知	uncharacterized protein LOC104888105	0.004 498	PF02466.20	9
50	未知	uncharacterized protein LOC104890698	0.001 885	PF00909.22	3
51	未知	uncharacterized protein LOC104894026	0.000 406	PF00190.23	5
52	未知	uncharacterized protein LOC104894786	0.004 363	PF09459.11	2
53	未知	uncharacterized protein LOC104894936 isoform X1	0.003 89	PF03069.16	2
54	未知	uncharacterized protein LOC104897951	0.014 16	PF03703.15	4
55	未知	uncharacterized protein LOC104898637	0.015 95	PF13301.7	2
56	未知	uncharacterized protein LOC104901308	0.016 58	PF07468.12	17
57	未知	uncharacterized protein LOC104902575	0.005 193	PF01966.23	2
F－A					
1	抗逆和防御	pathogenesis－related protein PR－1 type	0.006 051	PF00188.27	2
2	代谢	stearoyl－[acyl－carrier－protein] 9－desaturase, chloroplastic	0.005 667	PF03405.15	3
3	代谢	bifunctional dihydrofolate reductase－thymidylate synthase 1	0.011 17	PF00303.20	4
4	信号传导	inositol－tetrakisphosphate 1－kinase 1	0.002 616	PF05770.12	8
5	信号传导	G－type lectin S－receptor－like serine/threonine－protein kinase At1g1	0.001 52	PF07714.18	2
6	信号传导	casein kinase 1－like protein 2	0.002 743	PF00069.26	2
7	抗逆和防御	desiccation protectant protein Lea14 homolog	0.031 45	PF03168.14	8

续表

序号	功能分类	蛋白质名称	p 值	注释 ID	数量
8	抗逆和防御	pathogenesis – related protein 1A – like	0.015 45	PF00188.27	2
9	抗逆和防御	phosphoprotein ECPP44	0.002 091	PF00257.20	16
10	抗逆和防御	peroxidase 27	0.032 78	PF00141.24	11
11	转运	major allergen Pru ar 1	0.027 01	PF00407.20	5
12	转运	putative phosphatidylglycerol/phosphatidylinositol transfer protein DDB – G0282179	0.002 206	PF02221.16	5
13	未知	uncharacterized protein LOC104900653	0.000 179	PF09731.10	17
14	未知	uncharacterized protein ECU03_1610	0.016 83	—	10
F – CK					
1	蛋白质合成	atp1 gene product(mitochondrion)	0.015 94	PF00006.26	25
2	蛋白质合成	atp8 gene product(mitochondrion)	0.016 5	PF06449.12	4
3	代谢	elongation factor 1 – delta	0.016 25	PF00736.20	11
4	代谢	nad4 gene product(mitochondrion)	0.000 44	PF00361.21	2
5	代谢	nad7 gene product(mitochondrion)	0.009 364	PF00346.20	5
6	代谢	2,3 – bisphosphoglycerate – independent phosphoglycerate mutase	0.006 759	PF01676.19	2
7	代谢	2,3 – bisphosphoglycerate – independent phosphoglycerate mutase	0.008 659	PF01676.19	4
8	代谢	2 – alkenal reductase(NADP(+) – dependent)	0.002 838	PF00107.27	4
9	代谢	2 – methyl – 6 – phytyl – 1,4 – hydroquinone methyltransferase	0.046 58	PF08241.13	16
10	代谢	stearoyl – [acyl – carrier – protein] 9 – desaturase, chloroplastic	0.010 47	PF00109.27	9

续表

序号	功能分类	蛋白质名称	p 值	注释 ID	数量
11	代谢	4 – alpha – glucanotransferase, chloroplastic/amyloplastic	0.002 326	PF02446.18	17
12	代谢	4 – hydroxy – tetrahydrodipicolinate synthase, chloroplastic	0.002 692	PF00701.23	4
13	代谢	65 kDa microtubule – associated protein 1	0.024 84	PF03999.13	6
14	代谢	acetyl – CoA acetyltransferase, cytosolic 1	0.026 71	PF00108.24	10
15	代谢	adenylosuccinate synthetase 2, chloroplastic	0.026 63	PF00709.22	17
16	代谢	alcohol dehydrogenase 3	0.003 273	PF00107.27	9
17	代谢	alcohol dehydrogenase class – 3	0.005 521	PF08240.13	6
18	代谢	a minoacylase – 1 isoform X1	0.000 429	PF01546.29	2
19	代谢	anthranilate synthase alpha subunit 2, chloroplastic isoform X1	0.031 05	PF00425.19	2
20	代谢	argininosuccinate synthase, chloroplastic	0.009 932	PF00764.20	7
21	代谢	ATP synthase delta chain, chloroplastic	0.019 58	PF00213.19	12
22	代谢	ATP synthase gamma chain, chloroplastic	0.013 25	PF00231.20	21
23	代谢	ATP – dependent Clp protease proteolytic subunit – related protein 2	0.015 37	PF00574.24	8
24	代谢	beta – D – xylosidase 1	0.003 634	PF01915.23	23
25	代谢	bifunctional aspartokinase/homoserine dehydrogenase 2, chloroplastic	0.018 17	PF00742.20	39
26	代谢	bifunctional dihydrofolate reductase – thymidylate synthase 1	0.003 611	PF00303.20	4
27	代谢	bifunctional L – 3 – cyanoalanine synthase/cysteine synthase	0.011 18	PF00291.26	13
28	代谢	biotin carboxylase 2, chloroplastic	0.022 68	PF02786.18	20
29	代谢	CAAX prenyl protease 1 homolog	0.002 384	PF16491.6	2
30	代谢	caffeic acid 3 – O – methyltransferase	0.001 547	PF00891.19	10

续表

序号	功能分类	蛋白质名称	p 值	注释 ID	数量
31	代谢	CBS domain – containing protein CBSX1, chloroplastic	0.026 45	PF00571.29	5
32	代谢	cell division cycle protein 48 homolog	0.012 18	PF00004.30	2
33	代谢	chalcone – flavonone isomerase	0.006 486	PF02431.16	8
34	代谢	cysteine synthase	0.017 71	PF00291.26	17
35	代谢	cytochrome b – c1 complex subunit 8	0.006 567	PF10890.9	2
36	代谢	cytochrome b – c1 complex subunit 9	0.004 389	PF05365.13	4
37	代谢	D – 3 – phosphoglycerate dehydrogenase 3, chloroplastic	0.014 43	PF02826.20	16
38	代谢	dia minopimelate epimerase, chloroplastic	0.008 498	PF01678.20	8
39	代谢	dihydrolipoyl dehydrogenase 1, chloroplastic	0.035 4	PF07992.15	15
40	代谢	dormancy – associated protein homolog 3 isoform X2	0.000 012	PF05564.13	2
41	代谢	endoplas min homolog	0.002 671	PF00183.19	24
42	代谢	gamma – interferon – inducible lysosomal thiol reductase	0.021 84	PF03227.17	2
43	代谢	glucose – 1 – phosphate adenylyltransferase large subunit 3, chloroplastic/amyloplastic isoform X1	0.044 68	PF00483.24	24
44	代谢	glutamate dehydrogenase B	0.002 046	PF00208.22	17
45	代谢	glutamyl – tRNA（Gln）amidotransferase subunit B	0.011 99	PF02934.16	19
46	代谢	glycine – rich RNA – binding protein 2, mitochondrial – like	0.036 99	PF00076.23	5
47	代谢	glycine – tRNA ligase, mitochondrial 1 – like	0.006 822	PF03129.21	23

续表

序号	功能分类	蛋白质名称	p值	注释ID	数量
48	代谢	haloacid dehalogenase – like hydrolase domain – containing protein At3g48420	0.018 77	—	5
49	代谢	inosine – 5 – monophosphate dehydrogenase 2 isoform X1	0.002 746	PF00478.26	11
50	代谢	inositol – 3 – phosphate synthase	0.012 29	PF07994.13	14
51	代谢	ketol – acid reductoisomerase	0.018 55	PF01450.20	19
52	代谢	la – related protein 1C	0.004 191	PF05383.18	3
53	代谢	linoleate 13S – lipoxygenase 2 – 1	0.006 873	PF00305.20	7
54	代谢	long chain acyl – CoA synthetase 1	0.000 557	PF00501.29	7
55	代谢	maf – like protein DDB_G0281937 isoform X1	0.001 989	PF02545.15	3
56	代谢	NADH dehydrogenase	0.012 08	PF01512.18	20
57	代谢	non – functional NADPH – dependent codeinone reductase 2	0.029 81	PF00248.22	4
58	代谢	ornithine carbamoyltransferase	0.013 35	PF00185.25	6
59	代谢	phospho – 2 – dehydro – 3 – deoxyheptonate aldolase 1	0.000 605	PF01474.17	7
60	代谢	phosphoribosyla mine – glycine ligase	0.032 14	PF01071.20	8
61	代谢	probable calcium – binding protein CML13	0.022 53	PF13499.7	11
62	代谢	probable glucan 1,3 – alpha – glucosidase	0.002 274	PF01055.27	3
63	代谢	probable glutathione S – transferase	0.009 063	PF02798.21	9
64	代谢	probable methyltransferase PMT2	0.004 91	PF03141.17	23
65	代谢	probable methyltransferase PMT21	0.015 08	PF03141.17	26

续表

序号	功能分类	蛋白质名称	p值	注释ID	数量
66	代谢	probable mitochondrial – processing peptidase subunit beta	0.010 88	PF00675.21	7
67	代谢	probable serine/threonine – protein kinase DDB_G0291350	0.010 17	PF00069.26	2
68	代谢	probable zinc metalloprotease EGY1	0.002 821	PF02163.23	4
69	代谢	protein cofactor assembly of complex c subunit b ccb1	0.001 259	PF12046.9	7
70	代谢	protein IN2 – 1 homolog B	0.016 68	PF13417.7	15
71	代谢	protein trichome birefringence – like 41	0.014 1	PF13839.7	3
72	代谢	pyruvate decarboxylase 1	0.000 029	PF02776.19	3
73	代谢	sialyltransferase – like protein 5	0.008 578	PF00777.19	2
74	代谢	stearoyl – [acyl – carrier – protein] 9 – desaturase, chloroplastic	0.000 341	PF03405.15	3
75	代谢	succinate – CoA ligase	0.030 89	PF02629.20	13
76	代谢	succinate – CoA ligase	0.031 92	PF08442.11	27
77	代谢	suppressor of disruption of TFIIS	0.001 072	PF13419.7	2
78	代谢	thaumatin – like protein 1	0.017 85	PF00314.18	10
79	代谢	thioredoxin – like protein HCF164	0.000 356	PF00085.21	4
80	代谢	transmembrane protein 87A	0.002 142	PF06814.14	3
81	代谢	triosephosphate isomerase	0.016 3	PF00121.19	13
82	代谢	tubulin – tyrosine ligase – like protein 12 isoform X1	0.001 281	PF03133.16	2
83	代谢	UDP – glycosyltransferase 79B6	0.003 356	PF00201.19	2
84	代谢	UDP – glycosyltransferase 79B6 isoform X1	0.016 44	PF00201.19	5
85	代谢	UTP – glucose – 1 – phosphate uridylyltransferase	0.010 74	PF01704.19	26

续表

序号	功能分类	蛋白质名称	p 值	注释 ID	数量
86	代谢	very – long – chain 3 – oxoacyl – CoA reductase 1	0.004 787	PF00106.26	5
87	代谢	xylose isomerase	0.005 221	PF01261.25	21
88	其他功能	orf155a gene product(mitochondrion)	0.014 93	PF00177.22	8
89	其他功能	multiple organellar RNA editing factor 8	0.014 49	—	5
90	其他功能	pentatricopeptide repeat – containing protein At3g59040	0.011 13	PF13041.7	3
91	其他功能	rhodanese – like domain – containing protein 11	0.011 48	PF00581.21	8
92	其他功能	transmembrane emp24 domain – containing protein p24beta3	0.001 606	PF01105.25	2
93	光合作用	chlorophyll a – b binding protein 4	0.043 86	PF00504.22	8
94	光合作用	chlorophyll a – b binding protein CP24	0.009 378	PF00504.22	14
95	光合作用	chlorophyll a – b binding protein CP26	0.034 46	PF00504.22	14
96	光合作用	delta – a minolevulinic acid dehydratase	0.021 59	PF00490.22	17
97	光合作用	magnesium – protoporphyrin IX monomethyl ester	0.019 31	PF02915.18	19
98	光合作用	pheophorbide a oxygenase, chloroplastic	0.000 202	PF08417.13	5
99	光合作用	photosynthetic NDH subunit of lumenal location 1	0.007 999	PF01789.17	7
100	光合作用	photosystem I reaction center subunit VI, chloroplastic	0.012 13	PF03244.15	4
101	光合作用	photosystem I reaction center subunit XI, chloroplastic	0.006 654	PF02605.16	13
102	光合作用	photosystem II repair protein PSB27 – H1, chloroplastic	0.005 363	PF13326.7	5
103	蛋白质折叠和降解	protein disulfide – isomerase 5 – 2	0.002 537	PF00085.21	2

续表

序号	功能分类	蛋白质名称	p 值	注释 ID	数量
104	蛋白质折叠和降解	ruBisCO large subunit – binding protein subunit alpha	0.045 69	PF00118.25	34
105	蛋白质折叠和降解	ruBisCO large subunit – binding protein subunit beta	0.030 37	PF00118.25	35
106	蛋白质折叠和降解	calnexin homolog	0.007 727	PF00262.19	14
107	蛋白质折叠和降解	chaperonin CPN60 – 2, mitochondrial	0.015 22	PF00118.25	34
108	蛋白质折叠和降解	cytochrome c oxidase – assembly factor COX23	0.033 72	PF06747.14	2
109	蛋白质折叠和降解	peptidyl – prolyl cis – trans isomerase CYP19 – 3	0.038 28	PF00160.22	4
110	蛋白质折叠和降解	peptidyl – prolyl cis – trans isomerase FKBP12	0.038 74	PF00254.29	2
111	蛋白质折叠和降解	peptidyl – prolyl cis – trans isomerase FKBP62	0.017 73	PF00254.29	17
112	蛋白质折叠和降解	T – complex protein 1 subunit alpha	0.017 71	PF00118.25	16
113	蛋白质合成	26S protease regulatory subunit 10B homolog A	0.006 145	PF00004.30	2
114	蛋白质合成	26S protease regulatory subunit 6A homolog	0.007 356	PF00004.30	12

续表

序号	功能分类	蛋白质名称	p 值	注释 ID	数量
115	蛋白质合成	26S protease regulatory subunit 6B homolog	0.015 42	PF00004.30	9
116	蛋白质合成	26S proteasome non – ATPase regulatory subunit 12 homolog A	0.006 012	PF01399.28	11
117	蛋白质合成	40S ribosomal protein S11	0.018 41	PF16205.6	8
118	蛋白质合成	40S ribosomal protein S12	0.022 61	PF01248.27	9
119	蛋白质合成	40S ribosomal protein S15	0.040 5	PF00203.22	6
120	蛋白质合成	40S ribosomal protein S15a – 1	0.008 643	PF00410.20	3
121	蛋白质合成	40S ribosomal protein S15a – 1	0.006 789	PF00410.20	4
122	蛋白质合成	40S ribosomal protein S16	0.011 31	PF00380.20	7
123	蛋白质合成	40S ribosomal protein S2 – 2	0.027 73	PF00333.21	16
124	蛋白质合成	40S ribosomal protein S23	0.032 22	PF00164.26	4
125	蛋白质合成	40S ribosomal protein S24 – 1	0.030 76	PF01282.20	4
126	蛋白质合成	40S ribosomal protein S3 – 1	0.013 55	PF00189.21	13
127	蛋白质合成	40S ribosomal protein S3a	0.025 59	PF01015.19	14
128	蛋白质合成	40S ribosomal protein S4 – 1	0.011 97	PF00900.21	7
129	蛋白质合成	40S ribosomal protein S4 – 1	0.021 22	PF00900.21	7
130	蛋白质合成	40S ribosomal protein S7	0.016 13	PF01251.19	11
131	蛋白质合成	50S ribosomal protein L10, chloroplastic	0.010 99	PF00466.21	12
132	蛋白质合成	50S ribosomal protein L13, chloroplastic	0.013 3	PF00572.19	13
133	蛋白质合成	50S ribosomal protein L3, chloroplastic	0.016 27	PF00297.23	11
134	蛋白质合成	50S ribosomal protein L4, chloroplastic	0.018 83	PF00573.23	10

续表

序号	功能分类	蛋白质名称	p 值	注释 ID	数量
135	蛋白质合成	50S ribosomal protein L5,chloroplastic	0.008 643	PF00673.22	12
136	蛋白质合成	60S acidic ribosomal protein P2A	0.020 9	PF00428.20	5
137	蛋白质合成	60S ribosomal protein L10	0.015 04	PF00252.19	9
138	蛋白质合成	60S ribosomal protein L13a－2	0.018 68	PF00572.19	9
139	蛋白质合成	60S ribosomal protein L14－1	0.004 423	PF01929.18	8
140	蛋白质合成	60S ribosomal protein L15－1	0.019 98	PF00827.18	4
141	蛋白质合成	60S ribosomal protein L18－2	0.019 07	PF17135.5	3
142	蛋白质合成	60S ribosomal protein L18－2	0.011 46	PF17135.5	3
143	蛋白质合成	60S ribosomal protein L21－1	0.025 68	PF01157.19	8
144	蛋白质合成	60S ribosomal protein L27－3	0.013 03	PF01777.19	4
145	蛋白质合成	60S ribosomal protein L3	0.014 58	PF00297.23	19
146	蛋白质合成	60S ribosomal protein L30	0.013 1	PF01248.27	6
147	蛋白质合成	60S ribosomal protein L34	0.032 61	PF01199.19	4
148	蛋白质合成	60S ribosomal protein L35a－3	0.020 35	PF01247.19	5
149	蛋白质合成	60S ribosomal protein L36－2	0.019 2	PF01158.19	3
150	蛋白质合成	60S ribosomal protein L4	0.017 12	PF00573.23	9
151	蛋白质合成	60S ribosomal protein L4	0.034 11	PF00573.23	8
152	蛋白质合成	60S ribosomal protein L6	0.002 553	PF01159.20	8
153	蛋白质合成	60S ribosomal protein L6	0.013 25	PF01159.20	9
154	蛋白质合成	60S ribosomal protein L9	0.011 76	PF00347.24	14

续表

序号	功能分类	蛋白质名称	p 值	注释 ID	数量
155	蛋白质合成	elongation factor 1 - alpha - like	0.011 12	PF00009.28	5
156	蛋白质合成	elongation factor 1 - gamma	0.006 473	PF00647.20	4
157	蛋白质合成	elongation factor 1 - gamma 2	0.010 44	PF00647.20	12
158	蛋白质合成	eukaryotic initiation factor 4A - 9	0.006 917	PF00270.30	5
159	蛋白质合成	eukaryotic initiation factor 4A - 9	0.005 056	PF00270.30	6
160	蛋白质合成	eukaryotic translation initiation factor 2 subunit gamma	0.004 6	PF09173.12	9
161	蛋白质合成	eukaryotic translation initiation factor 3 subunit F	0.011 16	PF13012.7	8
162	蛋白质合成	eukaryotic translation initiation factor 3 subunit H isoform X1	0.014 7	PF01398.22	10
163	蛋白质合成	eukaryotic translation initiation factor 3 subunit I	0.009 279	PF00400.33	10
164	蛋白质合成	eukaryotic translation initiation factor 5A	0.025 52	PF01287.21	6
165	蛋白质合成	methionine - tRNA ligase, chloroplastic/mitochondrial	0.011 25	PF09334.12	5
166	蛋白质合成	nucleolar protein 56	0.024 72	PF01798.19	16
167	蛋白质合成	PHD finger protein ALFIN - LIKE 1	0.003 218	PF12165.9	3
168	蛋白质合成	serine - tRNA ligase	0.027 19	PF00587.26	10
169	信号传导	14 kDa zinc - binding protein	0.014 62	PF01230.24	3
170	信号传导	14 - 3 - 3 - like protein D	0.015 91	PF00244.21	10
171	信号传导	alpha - glucan water dikinase, chloroplastic isoform X1	0.005 544	PF01326.20	23
172	信号传导	annexin D4	0.013 46	PF00191.21	15
173	信号传导	annexin D5	0.008 85	PF00191.21	6
174	信号传导	annexin D5 - like	0.033 53	PF00191.21	2

续表

序号	功能分类	蛋白质名称	p值	注释ID	数量
175	信号传导	annexin – like protein RJ4	0.013 57	PF00191.21	18
176	信号传导	asparagine – tRNA ligase, cytoplasmic 1	0.017 79	PF00152.21	13
177	信号传导	BAG family molecular chaperone regulator 7	0.034 79	—	4
178	信号传导	calcium – dependent protein kinase 26	0.001 235	PF00069.26	2
179	信号传导	casein kinase 1 – like protein 2	0.000 35	PF00069.26	2
180	信号传导	dehydrogenase/reductase SDR family member 7 – like	0.021 39	PF00106.26	3
181	信号传导	gibberellin – regulated protein 13 isoform X1	0.004 377	PF02704.15	2
182	信号传导	gibberellin – regulated protein 6	0.022 35	PF02704.15	6
183	信号传导	GTP – binding nuclear protein Ran – 3	0.008 385	PF00071.23	4
184	信号传导	guanine nucleotide – binding protein subunit beta – like protein	0.007 538	PF00400.33	15
185	信号传导	guanosine nucleotide diphosphate dissociation inhibitor 1	0.005 309	PF00996.19	14
186	信号传导	H/ACA ribonucleoprotein complex subunit 4	0.043 65	PF08068.13	7
187	信号传导	hypersensitive – induced response protein 1	0.000 188	PF01145.26	2
188	信号传导	inositol – tetrakisphosphate 1 – kinase 1	0.000 544	PF05770.12	8
189	信号传导	LL – dia minopimelate a minotransferase, chloroplastic	0.010 06	PF00155.22	18
190	信号传导	NADH dehydrogenase	0.011 56	PF01257.20	6
191	信号传导	NADH dehydrogenase	0.007 471	PF00037.28	4
192	信号传导	obg – like ATPase 1	0.009 48	PF06071.14	8
193	信号传导	probable inactive shikimate kinase like 1, chloroplastic isoform X2	0.008 393	PF01202.23	3
194	信号传导	probable signal peptidase complex subunit 2	0.001 739	PF06703.12	5

续表

序号	功能分类	蛋白质名称	p值	注释 ID	数量
195	信号传导	protein CREG1 – like	0.012 23	PF13883.7	5
196	信号传导	protein GAST1 isoform X1	0.027 45	PF02704.15	3
197	信号传导	pyrophosphate – fructose 6 – phosphate 1 – phosphotransferase subunit beta	0.016 03	PF00365.21	15
198	信号传导	signal recognition particle 9 kDa protein	0.005 998	PF05486.13	2
199	信号传导	synaptotag min – 5	0.007 471	PF00168.31	3
200	信号传导	T – complex protein 1 subunit epsilon	0.014 63	PF00118.25	8
201	信号传导	transketolase, chloroplastic	0.003 189	PF00456.22	2
202	信号传导	translationally – controlled tumor protein homolog	0.001 688	PF00838.18	7
203	抗逆和防御	dolichyl – diphosphooligosaccharide – protein glycosyltransferase subunit 1B	0.003 696	PF04597.15	4
204	抗逆和防御	probable membrane metalloprotease ARASP2, chloroplastic	0.002 845	PF02163.23	7
205	抗逆和防御	RNA – binding protein CP29B, chloroplastic	0.032 79	PF00076.23	10
206	抗逆和防御	small heat shock protein, chloroplastic – like	0.040 31	PF00011.22	6
207	抗逆和防御	stress – response A/B barrel domain – containing protein UP3	0.008 676	PF07876.13	3
208	抗逆和防御	vacuolar – processing enzyme	0.001 423	PF01650.19	5
209	抗逆和防御	vacuolar – processing enzyme gamma – isozyme	0.006 544	PF01650.19	5
210	抗逆和防御	1,4 – dihydroxy – 2 – naphthoyl – CoA synthase, peroxisomal	0.017 61	PF00378.21	3
211	抗逆和防御	30S ribosomal protein 3, chloroplastic	0.039 23	PF04839.14	4
212	抗逆和防御	antiviral protein I	0.002 058	PF00161.20	2
213	抗逆和防御	caffeic acid 3 – O – methyltransferase	0.002 628	PF00891.19	2
214	抗逆和防御	catalase	0.000 337	PF00199.20	15

续表

序号	功能分类	蛋白质名称	p 值	注释 ID	数量
215	抗逆和防御	catalase	0.004 544	PF00199.20	20
216	抗逆和防御	chloroplast stem – loop binding protein of 41 kDa b,chloroplastic	0.027 56	PF01370.22	22
217	抗逆和防御	cold – regulated 413 plasma membrane protein 2	0.024 66	PF05562.12	2
218	抗逆和防御	DEAD – box ATP – dependent RNA helicase 37	0.011 64	PF00270.30	9
219	抗逆和防御	DEAD – box ATP – dependent RNA helicase 56	0.010 02	PF00270.30	12
220	抗逆和防御	dolichyl – diphosphooligosaccharide – protein glycosyltransferase subunit 2	0.002 129	PF05817.15	11
221	抗逆和防御	dolichyl – diphosphooligosaccharide – protein glycosyltransferase subunit STT3B	0.001 742	PF02516.15	2
222	抗逆和防御	glycine – rich RNA – binding protein RZ1A	0.023 9	PF00076.23	4
223	抗逆和防御	heat shock cognate protein 80	0.023 18	PF00183.19	31
224	抗逆和防御	heat shock protein 90 – 5,chloroplastic isoform X2	0.030 22	PF00183.19	32
225	抗逆和防御	lu minal – binding protein	0.010 26	PF00012.21	31
226	抗逆和防御	MLP – like protein 43	0.028 73	PF00407.20	5
227	抗逆和防御	multicopper oxidase LPR2 – like	0.000 325	PF07732.16	3
228	抗逆和防御	peroxidase 27 – like	0.002 616	PF00141.24	15
229	抗逆和防御	phosphoglucomutase,chloroplastic	0.012 19	PF02878.17	20
230	抗逆和防御	phosphoprotein ECPP44	0.006 85	PF00257.20	16
231	转录因子	aspartic proteinase CDR1 – like	0.000 214	PF14543.7	2
232	转录因子	ruvB – like protein 1	0.021 24	PF06068.14	4
233	转录因子	mitochondrial – processing peptidase subunit alpha isoform X1	0.009 621	PF00675.21	17

续表

序号	功能分类	蛋白质名称	p 值	注释 ID	数量
234	转录因子	nascent polypeptide – associated complex subunit beta – like	0.010 89	PF01849.19	11
235	转运	ADP，ATP carrier protein，mitochondrial	0.012 88	PF00153.28	15
236	转运	ADP – ribosylation factor 1	0.004 604	PF00025.22	2
237	转运	beta – adaptin – like protein A	0.013 41	PF01602.21	2
238	转运	cationic a mino acid transporter 9，chloroplastic	0.008 903	PF13520.7	5
239	转运	clathrin heavy chain 1	0.003 64	PF00637.21	24
240	转运	coatomer subunit beta' – 2 isoform X1	0.007 189	PF04053.15	8
241	转运	coatomer subunit zeta – 2	0.006 782	PF01217.21	2
242	转运	cycloartenol – C – 24 – methyltransferase	0.008 991	PF08498.11	3
243	转运	ER membrane protein complex subunit 1	0.001 485	PF07774.14	11
244	转运	G – type lectin S – receptor – like serine/threonine – protein kinase At1g11330	0.001 157	PF07714.18	2
245	转运	major allergen Pru ar 1	0.018 45	PF00407.20	5
246	转运	mitochondrial dicarboxylate/tricarboxylate transporter DTC	0.001 379	PF00153.28	11
247	转运	mitochondrial outer membrane protein porin of 34 kDa	0.014 44	PF01459.23	12
248	转运	nuclear transport factor 2	0.029 26	PF02136.21	2
249	转运	outer envelope pore protein 16 – 3，chloroplastic/mitochondrial	0.000 993	PF02466.20	6
250	转运	outer envelope pore protein 24A，chloroplastic	0.002 516	—	7
251	转运	plasma membrane ATPase 1	0.001 174	PF00122.21	22
252	转运	plasma membrane ATPase 4	0.002 587	PF00122.21	23

续表

序号	功能分类	蛋白质名称	p 值	注释 ID	数量
253	转运	probable inorganic phosphate transporter 1 – 4	0.007 612	PF00083.25	6
254	转运	probable mediator of RNA polymerase Ⅱ transcription subunit 36b	0.033 06	PF01269.18	10
255	转运	protein mago nashi homolog	0.001 491	PF02792.15	2
256	转运	putative phosphatidylglycerol/phosphatidylinositol transfer protein DDB_G0282179	0.005 701	PF02221.16	5
257	转运	ras – related protein RABD2a	0.000 004	PF00071.23	2
258	转运	ras – related protein RABD2c	0.000 302	PF00071.23	4
259	转运	ras – related protein YPT3	0.003 658	PF00071.23	4
260	转运	sugar transport protein 13	0.002 815	PF00083.25	5
261	转运	transmembrane 9 superfamily member 2	0.000 753	PF02990.17	6
262	转运	transmembrane 9 superfamily member 3	0.000 417	PF02990.17	3
263	转运	transmembrane 9 superfamily member 7	0.003 004	PF02990.17	4
264	转运	tubulin alpha – 2 chain	0.014 81	PF00091.26	10
265	转运	tubulin beta – 1 chain	0.023 54	PF00091.26	5
266	转运	tubulin beta – 6 chain isoform X1	0.005 506	PF00091.26	6
267	转运	two pore calcium channel protein 1A	0.002 771	PF00520.32	6
268	转运	vacuolar protein sorting – associated protein 29	0.005 231	PF12850.8	3
269	转运	vesicle transport v – SNARE 13	0.001 085	PF05008.16	5
270	转运	V – type proton ATPase subunit G1	0.003 769	PF03179.16	9
271	未知	uncharacterized protein At5g49945	0.001 1	PF07946.15	2

续表

序号	功能分类	蛋白质名称	p 值	注释 ID	数量
272	未知	uncharacterized protein ECU03_1610	0.030 87	—	10
273	未知	uncharacterized protein LOC104883647	0.007 14	PF03141.17	4
274	未知	uncharacterized protein LOC104887643	0.010 01	PF01661.22	5
275	未知	uncharacterized protein LOC104888105	0.000 482	PF02466.20	9
276	未知	uncharacterized protein LOC104888264	0.009 973	—	4
277	未知	uncharacterized protein LOC104890698	0.000 451	PF00909.22	3
278	未知	uncharacterized protein LOC104891484	0.002648	—	7
279	未知	uncharacterized protein LOC104892609	0.000 859	—	4
280	未知	uncharacterized protein LOC104894026	0.006 096	PF00190.23	5
281	未知	uncharacterized protein LOC104894451	0.005 621	—	2
282	未知	uncharacterized protein LOC104894936 isoform X1	0.005 613	PF03069.16	2
283	未知	uncharacterized protein LOC104896000	0.000 858	—	5
284	未知	uncharacterized protein LOC104897951	0.002 788	PF03703.15	4
285	未知	uncharacterized protein LOC104900653	0.001 275	PF09731.10	17
286	未知	uncharacterized protein LOC104901308	0.005 793	PF07468.12	17
287	未知	uncharacterized protein LOC104901433 isoform X1	0.029 43	—	9
288	未知	uncharacterized protein LOC104902575	0.004 893	PF01966.23	2
289	未知	uncharacterized protein LOC104904001	0.018 45	PF04548.17	11
290	未知	uncharacterized protein LOC104904469	0.003 746	PF02298.18	3
291	未知	uncharacterized protein LOC104904598	0.009 699	PF04862.13	7

续表

序号	功能分类	蛋白质名称	p 值	注释 ID	数量
292	未知	uncharacterized protein LOC104904837	0.033 6	—	2
293	未知	uncharacterized protein LOC104908700	0.001 958	—	6
294	未知	universal stress protein PHOS34	0.001 085	PF00582.27	3
R – F					
1	细胞壁合成	cell wall/vacuolar inhibitor of fructosidase 1	0.001 212	PF04043.16	4
2	细胞壁合成	cell wall protein RBR3	0.008 435	—	5
3	细胞壁合成	expansin – like A2	0.009 203	PF01357.22	10
4	细胞壁合成	expansin – like B1	0.003 112	PF01357.22	4
5	细胞壁合成	glycine – rich cell wall structural protein	0.000 585	—	8
6	细胞壁合成	probable xyloglucan endotransglucosylase/hydrolase protein 23	0.005 976	PF00722.22	2
7	细胞壁合成	fasciclin – like arabinogalactan protein 13	0.005 571	PF02469.23	3
8	细胞壁合成	probable xyloglucan endotransglucosylase/hydrolase protein 23	0.000 387	PF00722.22	5
9	代谢	12 – oxophytodienoate reductase 2	0.006 642	PF00724.21	18
10	代谢	1 – a minocyclopropane – 1 – carboxylate oxidase homolog 4	0.042 03	PF03171.21	2
11	代谢	acid phosphatase 1 – like	0.008 955	PF03767.15	5
12	代谢	aldehyde dehydrogenase family 2 member B7, mitochondrial isoform X1	0.028 46	PF00171.23	15
13	代谢	alpha carbonic anhydrase 1, chloroplastic	0.000 168	PF00194.22	2
14	代谢	artemisinic aldehyde delta(11/13) reductase	0.004 145	PF00724.21	7
15	代谢	benzyl alcohol O – benzoyltransferase	0.000 242	PF02458.16	2
16	代谢	benzyl alcohol O – benzoyltransferase	0.005 23	PF02458.16	13

续表

序号	功能分类	蛋白质名称	p值	注释ID	数量
17	代谢	berberine bridge enzyme – like 4	0.001 618	PF01565.24	7
18	代谢	berberine bridge enzyme – like 8	0.000 43	PF01565.24	2
19	代谢	beta – glucosidase 11 – like isoform X1	0.002 105	PF00232.19	3
20	代谢	beta – glucosidase 40 isoform X1	0.004 356	PF00232.19	14
21	代谢	caffeoyl – CoA O – methyltransferase	0.001 586	PF01596.18	15
22	代谢	cytochrome P450 71A1 – like	0.021 49	PF00067.23	4
23	代谢	cytochrome P450 71A1 – like	0.006 849	PF00067.23	5
24	代谢	desumoylating isopeptidase 1	0.001 153	PF05903.15	6
25	代谢	dia minopimelate epimerase, chloroplastic	0.005 698	PF01678.20	8
26	代谢	dirigent protein 22	0.003 008	PF03018.15	3
27	代谢	external alternative NAD(P)H – ubiquinone oxidoreductase B2, mitochondrial	0.002 172	PF07992.15	19
28	代谢	ferredoxin – 1, chloroplastic – like	0.030 55	PF00111.28	2
29	代谢	fructan 6 – exohydrolase isoform X1	0.010 95	PF00251.21	20
30	代谢	glucan endo – 1,3 – beta – D – glucosidase isoform X1	0.031 07	PF00332.19	7
31	代谢	glucan endo – 1,3 – beta – glucosidase	0.017 79	PF00332.19	17
32	代谢	glucan endo – 1,3 – beta – glucosidase	0.019 67	PF00332.19	17
33	代谢	glucan endo – 1,3 – beta – glucosidase	0.003 158	PF00332.19	6
34	代谢	glucan endo – 1,3 – beta – glucosidase	0.034 47	PF00332.19	13
35	代谢	glyceraldehyde – 3 – phosphate dehydrogenase	0.000 277	PF02800.21	9

续表

序号	功能分类	蛋白质名称	p 值	注释 ID	数量
36	代谢	glycerophosphodiester phosphodiesterase GDPDL3	0.004 455	PF03009.18	11
37	代谢	heme – binding – like protein At3g10130, chloroplastic	0.003 009	PF04832.13	12
38	代谢	hydroxymethylglutaryl – CoA synthase	0.003 943	PF08540.11	8
39	代谢	limonoid UDP – glucosyltransferase	0.001 328	PF00201.19	8
40	代谢	mavicyanin	0.006 711	PF02298.18	2
41	代谢	methionine gamma – lyase	0.002 416	PF01053.21	2
42	代谢	miraculin	0.002 33	PF00197.19	4
43	代谢	NAD(P)H	0.007 13	PF03358.16	4
44	代谢	peptide – N4 – (N – acetyl – beta – glucosa minyl) asparagine amidase A	0.008 682	PF12222.9	7
45	代谢	peroxisomal(S) – 2 – hydroxy – acid oxidase GLO1 isoform X1	0.000 046	PF01070.19	8
46	代谢	phenylalanine ammonia – lyase	0.001 788	PF00221.20	25
47	代谢	PI – PLC X domain – containing protein At5g67130	0.009 952	—	8
48	代谢	probable inactive purple acid phosphatase 27	0.002 892	PF17808.2	18
49	代谢	probable mannitol dehydrogenase	0.003 826	PF08240.13	2
50	代谢	probable protein phosphatase 2C 9	0.000 583	PF00481.22	4
51	代谢	protein exordium – like 2	0.011 25	PF04674.13	4
52	代谢	protein GAST1 isoform X1	0.000 217	PF02704.15	3
53	代谢	protein WVD2 – like 1 isoform X1	0.021 51	PF06886.12	3
54	代谢	purple acid phosphatase 2	0.004 961	PF00149.29	10
55	代谢	purple acid phosphatase 22 isoform X1	0.002 954	PF00149.29	3

续表

序号	功能分类	蛋白质名称	p 值	注释 ID	数量
56	代谢	succinate – CoA ligase	0.037 73	PF08442.11	27
57	代谢	sucrose synthase isoform X2	0.023 08	PF00862.20	9
58	代谢	TBC1 domain family member 22B	0.014 63	PF00566.19	2
59	代谢	tropinone reductase homolog At2g29290 – like isoform X1	0.005 105	PF13561.7	3
60	代谢	trypsin inhibitor 1B	0.002 712	PF00197.19	4
61	代谢	trypsin inhibitor BvTI	0.002 258	PF00197.19	5
62	代谢	carbonic anhydrase, chloroplastic – like	0.009 741	PF00484.20	19
63	代谢	carboxylesterase 1	0.002 375	PF07859.14	3
64	代谢	gamma – glutamyltranspeptidase 3 isoform X1	0.010 09	PF01019.22	8
65	代谢	GBF – interacting protein 1 – like isoform X1	0.033 99	PF06972.12	4
66	代谢	GDP – mannose 4, 6 dehydratase 1	0.001 719	PF16363.6	10
67	代谢	GDSL esterase/lipase At1g28610	0.009 869	PF00657.23	4
68	代谢	GDSL esterase/lipase At5g55050 GDSL	0.001 049	PF00657.23	14
69	代谢	glucan endo – 1, 3 – beta – glucosidase 11	0.000 596	PF00332.19	7
70	代谢	glucan endo – 1, 3 – beta – glucosidase 13	0.000 949	PF00332.19	8
71	代谢	glucan endo – 1, 3 – beta – glucosidase 4	0.028 72	PF00332.19	2
72	代谢	glucan endo – 1, 3 – beta – glucosidase – like precursor	0.047 67	PF00332.19	23
73	代谢	polyphenol oxidase, chloroplastic	0.000 915	PF12143.9	6
74	代谢	polyphenol oxidase, chloroplastic	0.030 67	PF12143.9	12
75	代谢	probable glucan 1, 3 – beta – glucosidase A	0.007 956	PF00150.19	13

续表

序号	功能分类	蛋白质名称	p 值	注释 ID	数量
76	代谢	scopoletin glucosyltransferase	0.002 133	PF00201. 19	3
77	代谢	tyrosine decarboxylase 1 isoform X1	0.007 279	PF00282. 20	10
78	其他功能	acidic mammalian chitinase	0.006 772	PF00704. 29	7
79	其他功能	basic 7S globulin	0.012 5	PF14541. 7	20
80	其他功能	basic 7S globulin	0.024 45	PF14541. 7	19
81	其他功能	basic 7S globulin 2	0.035 69	PF14541. 7	13
82	其他功能	low quality protein	0.000 426	—	6
83	其他功能	prosaposin	0.000 756	PF05184. 16	5
84	其他功能	protein trichome birefringence – like 41	0.016 15	PF13839. 7	3
85	其他功能	EG45 – like domain containing protein	0.015 07	PF03330. 19	2
86	其他功能	EG45 – like domain containing protein 2	0.008 382	PF03330. 19	5
87	光合作用	early light – induced protein 2, chloroplastic isoform X1	0.034 47	PF00504. 22	2
88	光合作用	ferritin, chloroplastic	0.002 857	PF00210. 25	10
89	光合作用	probable carotenoid cleavage dioxygenase 4, chloroplastic	0.011 97	PF03055. 16	7
90	光合作用	ribulose bisphosphate carboxylase small chain	0.044 29	PF00101. 21	2
91	蛋白质折叠和降解	polyubiquitin – like	0.001 758	PF00240. 24	3
92	蛋白质折叠和降解	dnaJ protein homolog ANJ1	0.001 985	PF01556. 19	4

续表

序号	功能分类	蛋白质名称	p 值	注释 ID	数量
93	蛋白质折叠和降解	E3 ubiquitin – protein ligase AIP2	0.001 726	PF13639.7	3
94	蛋白质折叠和降解	thioredoxin H – type	0.008 89	PF00085.21	4
95	蛋白质折叠和降解	thioredoxin – like protein HCF164, chloroplastic	0.000 233	PF00085.21	4
96	蛋白质折叠和降解	ubiquitin – conjugating enzyme E2 2	0.001 676	PF00179.27	2
97	蛋白质折叠和降解	ubiquitin – like protein 5	0.001 051	PF00240.24	2
98	蛋白质合成	60S ribosomal protein L12 – 1	0.018 62	PF03946.15	2
99	蛋白质合成	jasmonate – induced protein homolog	0.044 18	—	5
100	蛋白质合成	inhibitor PD – S2 isoform X1	0.006 014	PF00161.20	15
101	蛋白质合成	ribonuclease 1	0.001 005	PF00445.19	4
102	蛋白质合成	ribosome – inactivating protein cucurmosin isoform X2	0.005 634	PF00161.20	16
103	蛋白质合成	ribosome – inactivating protein PD – L1/PD – L2	0.003 472	PF00161.20	7
104	蛋白质合成	ribosome – inactivating protein PD – L3/PD – L4	0.005 813	PF00161.20	8
105	信号传导	annexin – like protein RJ4	0.004 475	PF00191.21	6
106	信号传导	auxin – binding protein ABP19a	0.013 03	PF00190.23	2
107	信号传导	auxin – binding protein ABP19a	0.007 927	PF00190.23	2

续表

序号	功能分类	蛋白质名称	p 值	注释 ID	数量
108	信号传导	auxin – binding protein ABP19a	0.003 024	PF00190.23	2
109	信号传导	auxin – binding protein ABP19a	0.016 84	PF00190.23	4
110	信号传导	auxin – binding protein ABP19a – like	0.033 94	PF00190.23	5
111	信号传导	auxin – binding protein ABP19b – like	0.002 522	PF00190.23	5
112	信号传导	casein kinase 1 – like protein 2	0.003 252	PF00069.26	2
113	信号传导	chitotriosidase – 1	0.002 009	PF00704.29	7
114	信号传导	cysteine proteinase inhibitor 1	0.032 17	PF16845.6	9
115	信号传导	epidermis – specific secreted glycoprotein EP1 – like	0.018 49	PF01453.25	17
116	信号传导	gibberellin – regulated protein 1	0.001 461	PF02704.15	3
117	信号传导	gibberellin – regulated protein 13 isoform X1	0.005 655	PF02704.15	2
118	信号传导	late embryogenesis abundant protein Dc3	0.000 415	PF02987.17	5
119	信号传导	protein exordium	0.020 18	PF04674.13	4
120	信号传导	protein exordium	0.005 437	PF04674.13	5
121	信号传导	protein exordium	0.001 747	PF04674.13	3
122	信号传导	CBL – interacting serine/threonine – protein kinase 23	0.000 418	PF00069.26	2
123	信号传导	receptor – like protein kinase feronia	0.030 78	PF07714.18	2
124	抗逆和防御	17.1 kDa class Ⅱ heat shock protein	0.016 84	PF00011.22	2
125	抗逆和防御	acidic endochitinase	0.038 57	PF00704.29	8
126	抗逆和防御	basic endochitinase	0.006 322	PF00704.29	16
127	抗逆和防御	basic endochitinase	0.026 21	PF00182.20	6

续表

序号	功能分类	蛋白质名称	p 值	注释 ID	数量
128	抗逆和防御	calcium – binding allergen Ole e 8	0.002 045	PF00036. 33	5
129	抗逆和防御	chitinase 2	0.002 982	PF00704. 29	8
130	抗逆和防御	cysteine – rich repeat secretory protein 38	0.004 44	PF01657. 18	9
131	抗逆和防御	cysteine – rich repeat secretory protein 55	0.002 973	PF01657. 18	5
132	抗逆和防御	cysteine – rich repeat secretory protein 55	0.002 404	PF01657. 18	6
133	抗逆和防御	desiccation protectant protein Lea14 homolog	0.007 442	PF03168. 14	8
134	抗逆和防御	endochitinase EP3	0.000 576	PF00182. 20	7
135	抗逆和防御	endochitinase EP3	0.000 167	PF00182. 20	2
136	抗逆和防御	endochitinase EP3	0.009 542	PF00182. 20	10
137	抗逆和防御	ger min – like protein subfamily 1 member 17	0.013 73	PF00190. 23	2
138	抗逆和防御	glutathione S – transferase	0.001 047	PF02798. 21	2
139	抗逆和防御	glutathione S – transferase	0.009 645	PF02798. 21	9
140	抗逆和防御	glutathione S – transferase	0.004 243	PF02798. 21	2
141	抗逆和防御	glutathione S – transferase U17	0.010 52	PF02798. 21	10
142	抗逆和防御	heva mine – A	0.009 13	PF00704. 29	3
143	抗逆和防御	major allergen Mal d 1	0.000 934	PF00407. 20	3
144	抗逆和防御	major allergen Pru ar 1	0.002 007	PF00407. 20	5
145	抗逆和防御	major pollen allergen Lol p 11	0.003 469	PF01190. 18	3
146	抗逆和防御	pathogenesis – related protein 1A – like	0.006 05	PF00188. 27	2
147	抗逆和防御	pathogenesis – related protein PR – 1 type	0.027 54	PF00188. 27	3

续表

序号	功能分类	蛋白质名称	p 值	注释 ID	数量
148	抗逆和防御	pathogenesis – related protein PR – 4	0.046 1	PF00967.18	3
149	抗逆和防御	pathogenesis – related protein PR – 4	0.016 82	PF00967.18	2
150	抗逆和防御	pathogen – related protein	0.006 781	—	4
151	抗逆和防御	peamaclein	0.019 37	PF02704.15	5
152	抗逆和防御	peamaclein	0.019 95	PF02704.15	2
153	抗逆和防御	peroxidase 16 – like	0.003 838	PF00141.24	6
154	抗逆和防御	peroxidase 27 – like	0.021	PF00141.24	15
155	抗逆和防御	peroxidase 4	0.002 099	PF00141.24	5
156	抗逆和防御	peroxidase 4	0.007 918	PF00141.24	13
157	抗逆和防御	peroxidase 50	0.011 97	PF00141.24	19
158	抗逆和防御	peroxidase 57 – like	0.007 886	PF00141.24	7
159	抗逆和防御	peroxidase 5 – like	0.000 829	PF00141.24	4
160	抗逆和防御	peroxidase P7	0.000 394	PF00141.24	11
161	抗逆和防御	peroxidase P7	0.002 668	PF00141.24	5
162	抗逆和防御	putative ger min – like protein 2 – 1	0.022 46	PF00190.23	3
163	抗逆和防御	putative ripening – related protein 1	0.036 66	—	3
164	抗逆和防御	stress – associated endoplasmic reticulum protein 2	0.011 34	PF06624.13	2
165	抗逆和防御	temperature – induced lipocalin – 1	0.002 529	PF08212.13	11
166	抗逆和防御	thaumatin – like protein 1	0.003 491	PF00314.18	10
167	抗逆和防御	thaumatin – like protein 1b	0.001 496	PF00314.18	3

续表

序号	功能分类	蛋白质名称	p 值	注释 ID	数量
168	抗逆和防御	acidic endochitinase SE2	0.002 282	PF00704.29	5
169	抗逆和防御	acidic endochitinase SP2	0.000 743	PF00182.20	3
170	抗逆和防御	antiviral protein I	0.000 552	PF00161.20	2
171	抗逆和防御	antiviral protein MAP	0.032 51	PF00161.20	9
172	抗逆和防御	aspartic proteinase CDR1 – like	0.033 4	PF14543.7	2
173	抗逆和防御	cationic peroxidase 1	0.000 038	PF00141.24	4
174	抗逆和防御	cationic peroxidase 1	0.040 03	PF00141.24	4
175	抗逆和防御	cationic peroxidase 1 – like	0.005 53	PF00141.24	7
176	抗逆和防御	cysteine protease XCP2	0.023 49	PF00112.24	11
177	抗逆和防御	glutathione S – transferase	0.004 184	PF02798.21	4
178	抗逆和防御	GPI – anchored protein LLG1	0.003 868	—	3
179	抗逆和防御	heat shock 70 kDa protein 17	0.004 5	PF00012.21	10
180	抗逆和防御	hypersensitive – induced response protein 1	0.000 648	PF01145.26	4
181	抗逆和防御	kunitz trypsin inhibitor 2	0.013 44	PF00197.19	2
182	抗逆和防御	L – ascorbate oxidase homolog	0.008 772	PF00394.23	12
183	抗逆和防御	L – ascorbate oxidase homolog isoform X2	0.016 6	PF00394.23	5
184	抗逆和防御	NDR1/HIN1 – Like protein 3	0.000 088	PF03168.14	3
185	抗逆和防御	nodulin – related protein 1	0.015 52	—	3
186	抗逆和防御	phosphoprotein ECPP44	0.013 37	PF00257.20	16
187	抗逆和防御	polygalacturonase inhibitor	0.030 94	PF13855.7	13

续表

序号	功能分类	蛋白质名称	p 值	注释 ID	数量
188	抗逆和防御	polygalacturonase inhibitor 1	0.005 719	PF12799.8	2
189	抗逆和防御	polygalacturonase inhibitor 1	0.004 707	PF13855.7	8
190	抗逆和防御	probable glutathione S – transferase	0.015 53	PF02798.21	5
191	抗逆和防御	probable glutathione S – transferase parC	0.010 35	PF02798.21	4
192	抗逆和防御	probable glutathione S – transferase parC	0.022 17	PF02798.21	5
193	抗逆和防御	probable leucine – rich repeat receptor – like protein kinase At1g35710	0.003 509	PF13855.7	15
194	抗逆和防御	probable LRR receptor – like serine/threonine – protein kinase At3g47570 isoform X1	0.025 62	PF07714.18	2
195	抗逆和防御	probable nucleoredoxin 1	0.010 14	PF13905.7	7
196	抗逆和防御	probable nucleoredoxin 1	0.003 493	PF13905.7	5
197	抗逆和防御	protein IN2 – 1 homolog B	0.006 484	PF13417.7	3
198	抗逆和防御	protein P21	0.039 68	PF00314.18	2
199	抗逆和防御	protein P21 – like	0.005 66	PF00314.18	2
200	抗逆和防御	small heat shock protein, chloroplastic isoform X2	0.026 87	PF00011.22	3
201	抗逆和防御	superoxide dismutase	0.047 7	PF02777.19	10
202	抗逆和防御	thaumatin – like protein 1	0.000 795	PF00314.18	7
203	转录	histone H2A.6	0.019 7	PF16211.6	2
204	转录	histone H4	0.007 672	PF15511.7	5
205	转录	probable histone H2A.1	0.044 77	PF16211.6	4
206	转录	probable histone H2B.1	0.008 137	PF00125.25	3

续表

序号	功能分类	蛋白质名称	p 值	注释ID	数量
207	转录	basic blue protein	0.002 831	PF02298.18	2
208	转录	basic blue protein	0.005 244	PF02298.18	2
209	转录	dynein light chain 1, cytoplasmic	0.016 49	PF01221.19	3
210	转录	enhancer of AG-4 protein 2	0.020 07	PF00855.18	2
211	转录	GEM-like protein 5	0.002454	PF02893.21	7
212	转录	pentatricopeptide repeat-containing protein At1g05670, mitochondrial	0.028 05	PF13041.7	12
213	转录	protein translation factor SUI1 homolog	0.007 023	PF01253.23	2
214	转录	PRA1 family protein B4	0.000 278	PF03208.20	3
215	转运	protein NRT1/ PTR FAMILY 8.1	0.004 043	PF00854.22	2
216	转运	sugar transport protein 13	0.006 006	PF00083.25	5
217	转运	charged multivesicular body protein 5 isoform X2	0.018	PF03357.22	3
218	转运	non-specific lipid-transfer protein	0.005 869	PF00234.23	3
219	转运	non-specific lipid-transfer protein	0.029 73	PF00234.23	8
220	转运	protein transport protein Sec61 subunit beta	0.014 31	PF03911.17	4
221	未知	uncharacterized protein At1g08160	0.028 86	PF03168.14	8
222	未知	uncharacterized protein At2g23090	0.005 856	PF12907.8	3
223	未知	uncharacterized protein A2g27730, mitochondrial	0.001 018	—	4
224	未知	uncharacterized protein LOC104885143	0.000 072	PF07712.13	11
225	未知	uncharacterized protein LOC104887988	0.000 191	PF08378.12	2
226	未知	uncharacterized protein LOC104890582	0.011 58	—	2

续表

序号	功能分类	蛋白质名称	p 值	注释 ID	数量
227	未知	uncharacterized protein LOC104890698	0.005 953	PF00909.22	3
228	未知	uncharacterized protein LOC104891412	0.007 535	—	2
229	未知	uncharacterized protein LOC104892509	0.003 685	—	2
230	未知	uncharacterized protein LOC104894026	0.034 85	PF00190.23	5
231	未知	uncharacterized protein LOC104894805	0.000 016	PF07676.13	6
232	未知	uncharacterized protein LOC104895310	0.019 11	PF00657.23	12
233	未知	uncharacterized protein LOC104896314	0.009 09	PF06880.12	6
234	未知	uncharacterized protein LOC104896703 isoform X1	0.001 585	—	2
235	未知	uncharacterized protein LOC104897042	0.000 05	PF14368.7	2
236	未知	uncharacterized protein LOC104900653	0.006 948	PF09731.10	17
237	未知	uncharacterized protein LOC104902568	0.012 78	—	4
238	未知	uncharacterized protein LOC104903196	0.006 547	PF06364.13	4
239	未知	uncharacterized protein LOC104904469	0.000 494	PF02298.18	3
240	未知	uncharacterized protein LOC104904936	0.002 219	PF04450.13	7
241	未知	uncharacterized protein LOC104905743 isoform X1	0.007 336	PF02018.18	9
242	未知	uncharacterized protein LOC104907699 isoform X1	0.017 51	—	3
243	未知	uncharacterized protein LOC104907719 isoform X2	0.002 884	PF05051.14	3
R - CK					
1	细胞壁合成	cell wall/vacuolar inhibitor of fructosidase 1	0.002 209	PF04043.16	4
2	细胞壁合成	cellulose synthase – like protein G2	0.004 677	PF03552.15	2

续表

序号	功能分类	蛋白质名称	p 值	注释 ID	数量
3	细胞壁合成	expansin – like A2	0.003 999	PF01357.22	10
4	细胞壁合成	expansin – like B1	0.007 765	PF01357.22	4
5	细胞壁合成	glycerophosphodiester phosphodiesterase GDPDL3	0.008 647	PF03009.18	11
6	细胞壁合成	glycine – rich cell wall structural protein	0.000 771	—	8
7	细胞壁合成	glycine – rich cell wall structural protein – like	0.027 84	—	4
8	细胞壁合成	major pollen allergen Lol p 11	0.001 526	PF01190.18	3
9	细胞壁合成	probable glycosyltransferase STELLO2	0.000 802	PF03385.18	6
10	细胞壁合成	probable xyloglucan endotransglucosylase/hydrolase protein 23	0.000 326	PF00722.22	5
11	细胞壁合成	probable xyloglucan endotransglucosylase/hydrolase protein 23	0.001 994	PF00722.22	2
12	细胞壁合成	probable xyloglucan endotransglucosylase/hydrolase protein 6	0.000 093	PF00722.22	10
13	细胞壁合成	trifunctional UDP – glucose 4,6 – dehydratase/UDP – 4 – keto – 6 – deoxy – D – glucose 3,5 – epimerase/UDP – 4 – keto – L – rhamnose – reductase RHM1	0.017 13	PF16363.6	3
14	细胞壁合成	trifunctional UDP – glucose 4,6 – dehydratase/UDP – 4 – keto – 6 – deoxy – D – glucose 3,5 – epimerase/UDP – 4 – keto – L – rhamnose – reductase RHM1	0.018 43	PF16363.6	5
15	代谢	elongation factor 1 – delta	0.008 015	PF00736.20	11
16	代谢	glucose – 1 – phosphate adenylyltransferase large subunit	0.025 91	PF00483.24	2
17	代谢	1,2 – dihydroxy – 3 – keto – 5 – methylthiopentene dioxygenase 2 – like	0.037 41	PF03079.15	3
18	代谢	12 – oxophytodienoate reductase 2	0.006 796	PF00724.21	18

续表

序号	功能分类	蛋白质名称	p 值	注释 ID	数量
19	代谢	1 – a minocyclopropane – 1 – carboxylate oxidase 1	0.019 97	PF03171.21	5
20	代谢	2,3 – bisphosphoglycerate – independent phosphoglycerate mutase	0.015 21	PF01676.19	4
21	代谢	2,3 – bisphosphoglycerate – independent phosphoglycerate mutase	0.017 67	PF01676.19	2
22	代谢	24 – methylenesterol C – methyltransferase 2	0.016 71	PF08498.11	9
23	代谢	26S protease regulatory subunit 6B homolog	0.018 97	PF00004.30	9
24	代谢	26S proteasome non – ATPase regulatory subunit 12 homolog A	0.016 32	PF01399.28	11
25	代谢	2 – alkenal reductase(NADP(+) – dependent)	0.017 9	PFI6884.6	12
26	代谢	3 – hydroxyisobutyryl – CoA hydrolase – like protein 3, mitochondrial iso-form X1	0.002 031	PF16113.6	4
27	代谢	3 – hydroxyisobutyryl – CoA hydrolase – like protein 5	0.001 349	PF16113.6	6
28	代谢	3 – isopropylmalate dehydratase small subunit 3	0.001 538	PF00694.20	2
29	代谢	65 – kDa microtubule – associated protein 1	0.008 201	PF03999.13	6
30	代谢	6 – phosphogluconate dehydrogenase, decarboxylating	0.011 15	PF00393.20	12
31	代谢	acetolactate synthase small subunit 1, chloroplastic	0.005 845	PF10369.10	10
32	代谢	acetyl – CoA acetyltransferase, cytosolic 1	0.003 259	PF00108.24	10
33	代谢	adenylosuccinate synthetase 2, chloroplastic	0.030 72	PF00709.22	17
34	代谢	aldose 1 – epimerase	0.011 47	PF01263.21	8
35	代谢	alpha carbonic anhydrase 1, chloroplastic	0.043 98	PF00194.22	2
36	代谢	argininosuccinate synthase, chloroplastic	0.019 21	PF00764.20	7
37	代谢	ATP synthase subunit b', chloroplastic	0.010 39	PF00430.19	16

续表

序号	功能分类	蛋白质名称	p 值	注释 ID	数量
38	代谢	benzyl alcohol O – benzoyltransferase	0.000 229	PF02458.16	2
39	代谢	benzyl alcohol O – benzoyltransferase	0.007 852	PF02458.16	13
40	代谢	berberine bridge enzyme – like 10	0.037 82	PF01565.24	4
41	代谢	berberine bridge enzyme – like 4	0.001 222	PF01565.24	7
42	代谢	berberine bridge enzyme – like 8	0.000 361	PF01565.24	2
43	代谢	beta – D – xylosidase 1	0.001 086	PF01915.23	23
44	代谢	beta – galactosidase 1	0.000 124	PF01301.20	25
45	代谢	beta – galactosidase 5	0.000 014	PF01301.20	35
46	代谢	beta – glucosidase 11 – like isoform X1β – X1	0.000 083	PF00232.19	3
47	代谢	beta – glucosidase 44	0.001 777	PF00232.19	20
48	代谢	CAAX prenyl protease 1 homolog	0.028 65	PF16491.6	2
49	代谢	caffeic acid 3 – O – methyltransferase	0.028 04	PF00891.19	10
50	代谢	caffeoyl – CoA O – methyltransferase	0.000 3	PF01596.18	15
51	代谢	cell division cycle protein 48 homolog	0.014 51	PF00004.30	2
52	代谢	chalcone – flavonone isomerase	0.000 072	PF02431.16	8
53	代谢	cyprosin	0.002 175	PF00026.24	11
54	代谢	cytochrome P450 71A1 – like	0.024 35	PF00067.23	4
55	代谢	cytochrome P450 71A1 – like	0.001 596	PF00067.23	5
56	代谢	cytochrome P450 86B1	0.000 513	PF00067.23	6
57	代谢	cytochrome P450 89A2	0.008 575	PF00067.23	6

续表

序号	功能分类	蛋白质名称	p 值	注释 ID	数量
58	代谢	D-3-phosphoglycerate dehydrogenase 1, chloroplastic	0.007 952	PF02826.20	11
59	代谢	desumoylating isopeptidase 1	0.001 93	PF05903.15	6
60	代谢	dihydrolipoyl dehydrogenase 1, chloroplastic	0.003 888	PF07992.15	15
61	代谢	dirigent protein 22	0.003 282	PF03018.15	3
62	代谢	endoplas min homolog	0.006 094	PF00183.19	24
63	代谢	ferredoxin-2	0.001 817	PF00111.28	5
64	代谢	fructose-bisphosphate aldolase 1	0.000 025	PF00274.20	23
65	代谢	fructose-bisphosphate aldolase 1, chloroplastic	0.000 365	PF00274.20	15
66	代谢	fructose-bisphosphate aldolase 5, cytosolic	0.000 052	PF00274.20	23
67	代谢	gamma-interferon-inducible lysosomal thiol reductase	0.003 357	PF03227.17	2
68	代谢	GDSL esterase/lipase APGGDSL	0.000 45	PF00657.23	11
69	代谢	GDSL esterase/lipase At5g55050	0.000 047	PF00657.23	14
70	代谢	glucan endo-1,3-beta-glucosidase	0.019 33	PF00332.19	17
71	代谢	glucan endo-1,3-beta-glucosidase	0.005 058	PF00332.19	14
72	代谢	glucan endo-1,3-beta-glucosidase	0.003 852	PF00332.19	6
73	代谢	glutamate decarboxylase	0.014 82	PF00282.20	10
74	代谢	haloacid dehalogenase-like hydrolase domain-containing protein Sgpp isoform X2	0.034 62	PF13419.7	9
75	代谢	heva mine-A	0.006 656	PF00704.29	3
76	代谢	hydroxymethylglutaryl-CoA synthase	0.000 105	PF08540.11	8

续表

序号	功能分类	蛋白质名称	p 值	注释 ID	数量
77	代谢	inositol – 3 – phosphate synthase	0.022 19	PF07994.13	14
78	代谢	la – related protein 1C	0.006 61	PF05383.18	3
79	代谢	limonoid UDP – glucosyltransferase	0.000 786	PF00201.19	8
80	代谢	long chain acyl – CoA synthetase 1	0.044 7	PF00501.29	7
81	代谢	macrophage migration inhibitory factor homolog	0.026 94	PF01187.19	2
82	代谢	malate dehydrogenase	0.000 348	PF02866.19	24
83	代谢	mannan endo – 1, 4 – beta – mannosidase 7	0.006 141	PF00150.19	6
84	代谢	methionine a minopeptidase 2B – like	0.000 717	PF00557.25	3
85	代谢	NAD(P)H	0.018 96	PF03358.16	4
86	代谢	naringenin, 2 – oxoglutarate 3 – dioxygenase	0.029 19	PF03171.21	12
87	代谢	O – glucosyltransferase rumi homolog	0.005 732	PF05686.13	5
88	代谢	phenylalanine ammonia – lyase	0.001 618	PF00221.20	25
89	代谢	phospho – 2 – dehydro – 3 – deoxyheptonate aldolase 1, chloroplastic	0.017 79	PF01474.17	7
90	代谢	phosphoglucomutase, cytoplasmic	0.000 14	PF02878.17	32
91	代谢	phosphoglycolate phosphatase 1B	0.000 328	PF13344.7	20
92	代谢	phosphoribulokinase	0.003 455	PF00485.19	25
93	代谢	PI – PLC X domain – containing protein At5g67130	0.003 059	—	8
94	代谢	probable carboxylesterase 17	0.010 37	PF07859.14	5
95	代谢	probable carotenoid cleavage dioxygenase 4, chloroplastic	0.017 29	PF03055.16	7
96	代谢	probable inactive purple acid phosphatase 27	0.000 339	PF17808.2	18

续表

序号	功能分类	蛋白质名称	p 值	注释 ID	数量
97	代谢	probable mannitol dehydrogenase	0.004 177	PF08240.13	2
98	代谢	probable mitochondrial – processing peptidase subunit beta, mitochondrial	0.015 48	PF00675.21	7
99	代谢	probable nucleolar protein 5 – 2	0.022 74	PF01798.19	13
100	代谢	probable pectate lyase 8	0.000 31	PF00544.20	3
101	代谢	probable prolyl 4 – hydroxylase 3	0.001 364	PF13640.7	3
102	代谢	probable protein phosphatase 2C 9	0.000 277	PF00481.22	4
103	代谢	probable serine/threonine – protein kinase DDB_G0291350	0.004 57	PF00069.26	2
104	代谢	protein exordium – like 2	0.013 2	PF04674.13	4
105	代谢	purple acid phosphatase 2	0.040 23	PF00149.29	10
106	代谢	purple acid phosphatase 22 isoform X1	0.002 891	PF00149.29	3
107	代谢	pyruvate decarboxylase 1	0.004 032	PF02776.19	3
108	代谢	ribokinase	0.000 107	PF00294.25	8
109	代谢	shikimate kinase	0.046 08	PF01202.23	2
110	代谢	stearoyl – [acyl – carrier – protein] 9 – desaturase, chloroplastic	0.000 321	PF03405.15	3
111	代谢	subtilisin – like protease SBT1.1	0.024 93	PF00082.23	7
112	代谢	subtilisin – like protease SBT2.5	0.001 133	PF00082.23	11
113	代谢	sucrose synthase isoform X2	0.022 94	PF00862.20	9
114	代谢	thia mine thiazole synthase, chloroplastic isoform X1	0.000 088	PF01946.18	14
115	代谢	UDP – arabinose 4 – epimerase 1	0.000 14	PF16363.6	8
116	代谢	UDP – glucuronic acid decarboxylase 5	0.012 37	PF16363.6	13

续表

序号	功能分类	蛋白质名称	p 值	注释 ID	数量
117	代谢	UDP－glycosyltransferase 79B6	0.006 392	PF00201.19	2
118	代谢	vacuolar－processing enzyme	0.000 021	PF01650.19	5
119	代谢	ras－related protein Rab2BV	0.003 479	PF00071.23	6
120	代谢	protein IN2－1 homolog B	0.001 534	PF13417.7	3
121	代谢	protein IN2－1 homolog B	0.042 31	PF13417.7	15
122	代谢	GEM－like protein 5	0.002 368	PF02893.21	7
123	代谢	carbonic anhydrase, chloroplastic－like	0.000 17	PF00484.20	19
124	代谢	carboxylesterase	0.001 988	PF07859.14	3
125	代谢	glucan endo－1,3－beta－glucosidase 11	0.000 459	PF00332.19	7
126	代谢	glucan endo－1,3－beta－glucosidase 13	0.000 422	PF00332.19	8
127	代谢	polyphenol oxidase	0.001 311	PF12143.9	6
128	代谢	polyphenol oxidase, chloroplastic	0.014 42	PF12143.9	12
129	代谢	probable glucan 1,3－beta－glucosidase A	0.016 45	PF00150.19	13
130	代谢	scopoletin glucosyltransferase	0.025 09	PF00201.19	3
131	代谢	tyrosine decarboxylase 1 isoform X1	0.003 552	PF00282.20	10
132	代谢	sedoheptulose－1,7－bisphosphatase,chloroplastic	0.000 01	PF00316.21	30
133	其他功能	acidic mammalian chitinase	0.009 055	PF00704.29	7
134	其他功能	antiviral protein alpha－like	0.030 41	PF00161.20	3
135	其他功能	EG45－like domain containing protein	0.017 48	PF03330.19	2
136	其他功能	EG45－like domain containing protein 2	0.017 29	PF03330.19	5

续表

序号	功能分类	蛋白质名称	p 值	注释 ID	数量
137	其他功能	low quality protein	0.012 5	—	6
138	其他功能	low quality protein	0.005 895	PF00012.21	29
139	其他功能	proteasome assembly chaperone 2 isoform X1	0.000 92	PF09754.10	2
140	其他功能	transmembrane emp24 domain – containing protein p24beta3	0.000 291	PF01105.25	2
141	其他功能	orf155a gene product	0.002 509	PF00177.22	8
142	其他功能	translationally – controlled tumor protein homolog	0.017 78	PF00838.18	7
143	其他功能	embryonic protein DC – 8 isoform X2	0.018 23	PF02987.17	2
144	其他功能	rhodanese – like domain – containing protein 11, chloroplastic isoform X1	0.010 53	PF00581.21	8
145	光合作用	oxygen – evolving enhancer protein 2, chloroplastic	0.000 032	PF01789.17	16
146	光合作用	pheophorbide a oxygenase, chloroplastic	0.003 382	PF08417.13	5
147	光合作用	protein curvature thylakoid 1b, chloroplastic	0.000 246	PF14159.7	8
148	光合作用	thylakoid lumenal 15 kDa protein 1, chloroplastic	0.000 224	PF00805.23	8
149	抗逆和防御	polyubiquitin – like	0.003 903	PF00240.24	3
150	抗逆和防御	26S protease regulatory subunit 10B homolog A	0.010 77	PF00004.30	2
151	抗逆和防御	calnexin homolog	0.022 13	PF00262.19	14
152	抗逆和防御	chaperonin CPN60 – 2, mitochondrial	0.002 604	PF00118.25	34
153	抗逆和防御	E3 ubiquitin – protein ligase AIP2	0.002 223	PF13639.7	3
154	抗逆和防御	peptidyl – prolyl cis – trans isomerase FKBP62	0.008 311	PF00254.29	17
155	抗逆和防御	probable phospholipid hydroperoxide glutathione peroxidase	0.007 159	PF00255.20	8
156	抗逆和防御	thioredoxin H – type	0.028 26	PF00085.21	4

续表

序号	功能分类	蛋白质名称	p 值	注释 ID	数量
157	抗逆和防御	ubiquitin-conjugating enzyme E2	0.001 72	PF00179.27	2
158	抗逆和防御	ubiquitin-like protein 5	0.000 114	PF00240.24	2
159	抗逆和防御	protein disulfide isomerase-like 1-4	0.007 006	PF00085.21	18
160	抗逆和防御	calreticulin precursor	0.010 82	PF00262.19	14
161	蛋白质合成	40S ribosomal protein S15a-1	0.014 08	PF00410.20	4
162	蛋白质合成	40S ribosomal protein S16	0.023 09	PF00380.20	7
163	蛋白质合成	40S ribosomal protein S18	0.004 293	PF00416.23	2
164	蛋白质合成	40S ribosomal protein S19-2-like	0.001 569	PF01090.20	7
165	蛋白质合成	40S ribosomal protein S23	0.009 066	PF00164.26	4
166	蛋白质合成	40S ribosomal protein S30	0.012 15	PF04758.15	4
167	蛋白质合成	40S ribosomal protein S3-1	0.014 76	PF00189.21	13
168	蛋白质合成	40S ribosomal protein S3a	0.003 846	PF01015.19	14
169	蛋白质合成	40S ribosomal protein S4-1	0.002 252	PF00900.21	7
170	蛋白质合成	40S ribosomal protein S4-1	0.006 816	PF00900.21	7
171	蛋白质合成	50S ribosomal protein L19	0.012 58	PF01245.21	2
172	蛋白质合成	60S ribosomal protein L10	0.025 98	PF00252.19	9
173	蛋白质合成	60S ribosomal protein L10a	0.012 83	PF00687.22	17
174	蛋白质合成	60S ribosomal protein L12-1	0.018 81	PF03946.15	2
175	蛋白质合成	60S ribosomal protein L13-1	0.044 6	PF01294.19	10
176	蛋白质合成	60S ribosomal protein L13a-2	0.007 897	PF00572.19	9

续表

序号	功能分类	蛋白质名称	p值	注释ID	数量
177	蛋白质合成	60S ribosomal protein L14 – 1	0.024 27	PF01929.18	8
178	蛋白质合成	60S ribosomal protein L18 – 2	0.003 16	PF17135.5	3
179	蛋白质合成	60S ribosomal protein L21 – 1	0.011 42	PF01157.19	8
180	蛋白质合成	60S ribosomal protein L24	0.009 064	PF01246.21	3
181	蛋白质合成	60S ribosomal protein L3	0.021 45	PF00297.23	19
182	蛋白质合成	60S ribosomal protein L34	0.009 927	PF01199.19	4
183	蛋白质合成	60S ribosomal protein L35a – 3	0.005 286	PF01247.19	5
184	蛋白质合成	60S ribosomal protein L36 – 2	0.016 48	PF01158.19	3
185	蛋白质合成	60S ribosomal protein L6	0.002 052	PF01159.20	8
186	蛋白质合成	60S ribosomal protein L6	0.001 941	PF01159.20	9
187	蛋白质合成	60S ribosomal protein L7a – 2	0.009 167	PF01248.27	12
188	蛋白质合成	60S ribosomal protein L9	0.010 07	PF00347.24	14
189	蛋白质合成	elongation factor 1 – beta 2	0.007 553	PF00736.20	11
190	蛋白质合成	eukaryotic initiation factor 4A – 9	0.008 841	PF00270.30	6
191	蛋白质合成	eukaryotic initiation factor 4A – 9	0.012 73	PF00270.30	5
192	蛋白质合成	eukaryotic translation initiation factor	0.007 678	PF01652.19	6
193	蛋白质合成	eukaryotic translation initiation factor 1A	0.006 467	PF01176.20	3
194	蛋白质合成	eukaryotic translation initiation factor 2 subunit gamma	0.014 38	PF09173.12	9
195	蛋白质合成	eukaryotic translation initiation factor 3 subunit F	0.020 18	PF13012.7	8
196	蛋白质合成	eukaryotic translation initiation factor 3 subunit H isoform X1	0.010 37	PF01398.22	10

续表

序号	功能分类	蛋白质名称	p 值	注释 ID	数量
197	蛋白质合成	eukaryotic translation initiation factor 3 subunit I	0.003 292	PF00400.33	10
198	蛋白质合成	myb – like protein X	0.006 375	—	7
199	蛋白质合成	nucleolar protein 56	0.001 99	PF01798.19	16
200	蛋白质合成	peptidyl – prolyl cis – trans isomerase FKBP53	0.017 1	PF00254.29	6
201	蛋白质合成	PHD finger protein ALFIN – LIKE 1	0.000 028	PF12165.9	3
202	蛋白质合成	protein NBR1 homolog	0.001 232	PF16158.6	2
203	蛋白质合成	inhibitor PD – S2	0.028 27	PF00161.20	7
204	蛋白质合成	ribosome – inactivating protein cucurmosin isoform X2	0.008 442	PF00161.20	16
205	蛋白质合成	ribosome – inactivating protein PD – L1/PD – L2	0.014 01	PF00161.20	7
206	蛋白质合成	ribosome – inactivating protein PD – L3/PD – L4	0.001 279	PF00161.20	8
207	蛋白质合成	ruvB – like protein 1	0.006 85	PF06068.14	4
208	信号传导	salicylic acid – binding protein 2	0.000 505	PF12697.8	7
209	信号传导	signal recognition particle 9 kDa protein	0.001 848	PF05486.13	2
210	信号传导	1 – a minocyclopropane – 1 – carboxylate oxidase homolog 4	0.020 24	PF03171.21	2
211	信号传导	aldehyde dehydrogenase family 2 member B7, mitochondrial isoform X1	0.006 431	PF00171.23	15
212	信号传导	annexin D5	0.037 04	PF00191.21	6
213	信号传导	annexin – like protein RJ4	0.002 995	PF00191.21	6
214	信号传导	annexin – like protein RJ4	0.001 221	PF00191.21	18
215	信号传导	artemisinic aldehyde Delta(11/13) reductase	0.003 153	PF00724.21	7
216	信号传导	asparagine – tRNA ligase, cytoplasmic 1	0.025 87	PF00152.21	13

续表

序号	功能分类	蛋白质名称	p 值	注释 ID	数量
217	信号传导	auxin – binding protein ABP19a	0.012 79	PF00190.23	2
218	信号传导	auxin – binding protein ABP19a	0.000 013	PF00190.23	2
219	信号传导	auxin – binding protein ABP19a	0.009 338	PF00190.23	2
220	信号传导	auxin – binding protein ABP19b – like	0.003 211	PF00190.23	5
221	信号传导	calcium – binding allergen Ole e 8	0.001 584	PF00036.33	5
222	信号传导	calcium – dependent protein kinase 33	0.008 947	PF00069.26	12
223	信号传导	chitotriosidase – 1	0.002 085	PF00704.29	7
224	信号传导	chorismate mutase 2	0.004 084	—	10
225	信号传导	cysteine – rich receptor – like protein kinase 8 isoform X1	0.036 77	PF07714.18	2
226	信号传导	dehydrogenase/reductase SDR family member 7 – like	0.009 896	PF00106.26	3
227	信号传导	external alternative NAD(P)H – ubiquinone oxidoreductase B2, mitochon-drial	0.010 94	PF07992.15	19
228	信号传导	gibberellin – regulated protein 1	0.001 34	PF02704.15	3
229	信号传导	gibberellin – regulated protein 13 isoform X1	0.000 567	PF02704.15	2
230	信号传导	gibberellin – regulated protein 6	0.006 127	PF02704.15	6
231	信号传导	GTP – binding nuclear protein Ran – 3	0.026 17	PF00071.23	4
232	信号传导	guanosine nucleotide diphosphate dissociation inhibitor 1	0.006 848	PF00996.19	14
233	信号传导	H/ACA ribonucleoprotein complex subunit 4	0.005 324	PF08068.13	7
234	信号传导	heterogeneous nuclear ribonucleoprotein H	0.000 194	PF00076.23	2
235	信号传导	HIPL1 protein	0.001 876	PF07995.12	7

续表

序号	功能分类	蛋白质名称	p值	注释ID	数量
236	信号传导	inositol – tetrakisphosphate 1 – kinase 1	0.002 845	PF05770.12	8
237	信号传导	mannose/glucose – specific lectin	0.037 07	PF01419.18	2
238	信号传导	miraculin	0.001 636	PF00197.19	4
239	信号传导	NADH dehydrogenase	0.039 79	PF01257.20	6
240	信号传导	obg – like ATPase 1	0.032 8	PF06071.14	8
241	信号传导	phosphatase IMPL1, chloroplastic	0.000 009	PF00459.26	12
242	信号传导	probable S – adenosylmethionine – dependent methyltransferase At5g38780	0.000 677	PF03492.16	6
243	信号传导	probable signal peptidase complex subunit 2	0.017 75	PF06703.12	5
244	信号传导	protein arginine N – methyltransferase 1.1	0.007 832	PF06325.14	3
245	信号传导	protein CREG1 – like	0.005 841	PF13883.7	5
246	信号传导	protein embryo sac development arrest 3, chloroplastic	0.010 85	PF00684.20	3
247	信号传导	protein GAST1 isoform X1	0.005 266	PF02704.15	3
248	信号传导	protein GOS9	0.025 69	PF01419.18	4
249	信号传导	reticulon – like protein B2	0.023 29	PF02453.18	5
250	信号传导	stress – associated endoplasmic reticulum protein 2	0.000 541	PF06624.13	2
251	信号传导	T – complex protein 1 subunit epsilon	0.008 197	PF00118.25	8
252	信号传导	transketolase, chloroplastic	0.001 488	PF00456.22	2
253	信号传导	tropinone reductase homolog At2g29290 – like isoform X1	0.002 018	PF13561.7	3
254	信号传导	U2 small nuclear ribonucleoprotein B''	0.019 28	PF00076.23	3
255	信号传导	receptor – like protein kinase FERONIA	0.017 63	PF07714.18	2

续表

序号	功能分类	蛋白质名称	p 值	注释 ID	数量
256	抗逆和防御	17.1 kDa class Ⅱ heat shock protein	0.018 9	PF00011.22	2
257	抗逆和防御	chitinase 2	0.006 524	PF00704.29	8
258	抗逆和防御	cysteine – rich repeat secretory protein 38	0.009 237	PF01657.18	9
259	抗逆和防御	cysteine – rich repeat secretory protein 55	0.002 827	PF01657.18	5
260	抗逆和防御	cysteine – rich repeat secretory protein 55	0.002 048	PF01657.18	6
261	抗逆和防御	desiccation protectant protein Lea14 homolog	0.000 173	PF03168.14	8
262	抗逆和防御	dolichyl – diphosphooligosaccharide – protein glycosyltransferase subunit 1B	0.022 35	PF04597.15	4
263	抗逆和防御	endochitinase EP3	0.000 406	PF00182.20	7
264	抗逆和防御	endochitinase EP3	0.000 203	PF00182.20	2
265	抗逆和防御	ger min – like protein	0.004 225	PF00190.23	5
266	抗逆和防御	ger min – like protein subfamily 1 member 17	0.010 89	PF00190.23	2
267	抗逆和防御	glutathione S – transferase	0.000 664	PF02798.21	2
268	抗逆和防御	glutathione S – transferase	0.002 766	PF02798.21	2
269	抗逆和防御	glutathione S – transferase	0.004 267	PF02798.21	9
270	抗逆和防御	glutathione S – transferase U17	0.007 57	PF02798.21	10
271	抗逆和防御	major allergen Mal d 1	0.000 234	PF00407.20	3
272	抗逆和防御	pathogenesis – related protein PR – 1 type	0.042 43	PF00188.27	3
273	抗逆和防御	pathogenesis – related protein PR – 4	0.027 82	PF00967.18	3
274	抗逆和防御	pathogenesis – related protein PR – 4	0.008 25	PF00967.18	2
275	抗逆和防御	pathogen – related protein	0.011 5	—	4

续表

序号	功能分类	蛋白质名称	p 值	注释 ID	数量
276	抗逆和防御	peamaclein	0.033 88	PF02704.15	5
277	抗逆和防御	peroxidase 4	0.001 316	PF00141.24	5
278	抗逆和防御	peroxidase 57 – like	0.005 859	PF00141.24	7
279	抗逆和防御	peroxidase 5 – like	0.000 043	PF00141.24	4
280	抗逆和防御	peroxidase P7	0.000 464	PF00141.24	11
281	抗逆和防御	peroxidase P7	0.002 233	PF00141.24	5
282	抗逆和防御	putative ger min – like protein 2 – 1	0.025 9	PF00190.23	3
283	抗逆和防御	thaumatin – like protein 1b	0.001 779	PF00314.18	3
284	抗逆和防御	26S protease regulatory subunit 6A homolog	0.007 226	PF00004.30	12
285	抗逆和防御	ABC transporter F family member 1	0.014 24	PF00005.28	9
286	抗逆和防御	abscisic stress – ripening protein 2	0.006 774	PF02496.17	6
287	抗逆和防御	acidic endochitinase SE2	0.001 58	PF00704.29	5
288	抗逆和防御	acidic endochitinase SP2	0.001 716	PF00182.20	3
289	抗逆和防御	antiviral protein I	0.004 895	PF00161.20	2
290	抗逆和防御	antiviral protein MAP	0.048 13	PF00161.20	9
291	抗逆和防御	caffeic acid 3 – O – methyltransferase	0.002 334	PF00891.19	2
292	抗逆和防御	cationic peroxidase 1	0.000 046	PF00141.24	4
293	抗逆和防御	cationic peroxidase 1	0.018 87	PF00141.24	4
294	抗逆和防御	cysteine protease XCP2	0.022 66	PF00112.24	11
295	抗逆和防御	DEAD – box ATP – dependent RNA helicase 37	0.012 15	PF00270.30	9

续表

序号	功能分类	蛋白质名称	p 值	注释 ID	数量
296	抗逆和防御	DEAD – box ATP – dependent RNA helicase 56	0.025 86	PF00270.30	12
297	抗逆和防御	dnaJ protein homolog	0.014 05	PF01556.19	4
298	抗逆和防御	dnaJ protein homolog ANJ1	0.001 297	PF01556.19	4
299	抗逆和防御	dolichyl – diphosphooligosaccharide – protein glycosyltransferase subunit 2	0.022 15	PF05817.15	11
300	抗逆和防御	endochitinase EP3	0.040 73	PF00182.20	5
301	抗逆和防御	ferritin, chloroplastic	0.003 25	PF00210.25	10
302	抗逆和防御	glutathione S – transferase	0.002 711	PF02798.21	4
303	抗逆和防御	glutathione S – transferase	0.015 37	PF02798.21	9
304	抗逆和防御	glutathione S – transferase	0.000 143	PF02798.21	3
305	抗逆和防御	glyceraldehyde – 3 – phosphate dehydrogenase, cytosolic	0.000 423	PF02800.21	9
306	抗逆和防御	heat shock 70 kDa protein – like	0.009 406	PF00012.21	2
307	抗逆和防御	heat shock cognate protein 80	0.010 84	PF00183.19	31
308	抗逆和防御	hypersensitive – induced response protein 1	0.000 141	PF01145.26	4
309	抗逆和防御	jasmonate – induced protein homolog	0.000 647	—	5
310	抗逆和防御	kunitz trypsin inhibitor 2	0.014 14	PF00197.19	2
311	抗逆和防御	L – ascorbate peroxidase 3, peroxisomal	0.003 53	PF00141.24	5
312	抗逆和防御	L – ascorbate peroxidase 3, peroxisomal – like	0.009 555	PF00141.24	13
313	抗逆和防御	NDR1/HIN1 – Like protein 3	0.000 294	PF03168.14	3
314	抗逆和防御	nodulin – related protein 1	0.005 079	—	3
315	抗逆和防御	non – specific lipid – transfer protein	0.004 382	PF00234.23	3

续表

序号	功能分类	蛋白质名称	p 值	注释 ID	数量
316	抗逆和防御	non – specific lipid – transfer protein	0.003 777	PF00234.23	5
317	抗逆和防御	peroxidase 12	0.047 11	PF00141.24	5
318	抗逆和防御	peroxidase 27 – like	0.000 091	PF00141.24	3
319	抗逆和防御	phosphoprotein ECPP44	0.000 205	PF00257.20	16
320	抗逆和防御	polygalacturonase inhibitor	0.004 951	PF13855.7	13
321	抗逆和防御	polygalacturonase inhibitor 1	0.002 397	PF12799.8	2
322	抗逆和防御	probable glutathione S – transferase	0.043 59	PF02798.21	5
323	抗逆和防御	probable glutathione S – transferase parC	0.044 97	PF02798.21	4
324	抗逆和防御	probable leucine – rich repeat receptor – like protein kinase At1g35710	0.005 72	PF13855.7	15
325	抗逆和防御	probable LRR receptor – like serine/threonine – protein kinase At3g47570 isoform X1	0.008 768	PF07714.18	2
326	抗逆和防御	probable nucleoredoxin 1	0.004 972	PF13905.7	7
327	抗逆和防御	probable nucleoredoxin 1	0.000 817	PF13905.7	5
328	抗逆和防御	protein P21	0.049 1	PF00314.18	2
329	抗逆和防御	protein P21 – like	0.008 993	PF00314.18	2
330	抗逆和防御	small heat shock protein, chloroplastic isoform X2	0.016 58	PF00011.22	3
331	抗逆和防御	superoxide dismutase	0.016 96	PF02777.19	10
332	抗逆和防御	thaumatin – like protein 1	0.000 886	PF00314.18	7
333	转录	histone H4	0.005 627	PF15511.7	5
334	转录	basic blue protein	0.001 969	PF02298.18	2

续表

序号	功能分类	蛋白质名称	p值	注释ID	数量
335	转录	mitochondrial - processing peptidase subunit alpha isoform X1	0.017 37	PF00675.21	17
336	转录	nascent polypeptide - associated complex subunit alpha - like protein 1	0.006 264	PF01849.19	8
337	转录	nascent polypeptide - associated complex subunit beta - like	0.007 198	PF01849.19	11
338	转录	protein translation factor SUI1 homolog	0.015 9	PF01253.23	2
339	转运	trans - cinnamate 4 - monooxygenase	0.007 44	PF00067.23	5
340	转运	transmembrane protein 87A	0.001 051	PF06814.14	3
341	转运	ADP - ribosylation factor 1	0.013 26	PF00025.22	2
342	转运	autophagy - related protein 8f	0.000 477	PF02991.17	2
343	转运	beta - adaptin - like protein A	0.011 96	PF01602.21	2
344	转运	cationic a mino acid transporter 9, chloroplastic	0.002 592	PF13520.7	5
345	转运	clathrin light chain 2	0.032 89	PF01086.18	4
346	转运	coatomer subunit beta' - 2 isoform X1	0.004 932	PF04053.15	8
347	转运	coiled - coil domain - containing protein 25	0.001 069	PF05670.14	2
348	转运	cycloartenol - C - 24 - methyltransferase	0.008 454	PF08498.11	3
349	转运	early nodulin - like protein 2	0.004 543	PF02298.18	3
350	转运	G - type lectin S - receptor - like serine/threonine - protein kinase At1g11330	0.001 409	PF07714.18	2
351	转运	kunitz - type trypsin inhibitor alpha chain - like	0.000 218	PF00197.19	2
352	转运	late embryogenesis abundant protein Dc3	0.000 014	PF02987.17	5
353	转运	major allergen Pru ar 1	0.000 232	PF00407.20	5
354	转运	methionine gamma - lyase	0.002 818	PF01053.21	2

续表

序号	功能分类	蛋白质名称	p 值	注释 ID	数量
355	转运	mitochondrial adenine nucleotide transporter ADNT1	0.005 643	PF00153.28	6
356	转运	mitochondrial outer membrane protein porin of 34 kDa	0.016 84	PF01459.23	12
357	转运	PRA1 family protein B4	0.001 14	PF03208.20	3
358	转运	probable inorganic phosphate transporter 1 – 4	0.011 65	PF00083.25	6
359	转运	probable mediator of RNA polymerase II transcription subunit 36b	0.005 129	PF01269.18	10
360	转运	protein mago nashi homolog	0.008 286	PF02792.15	2
361	转运	protein NRT1/ PTR FAMILY 1.1 – like	0.001 312	PF00854.22	2
362	转运	protein NRT1/ PTR FAMILY 8.1	0.000 795	PF00854.22	2
363	转运	protein transport protein Sec61 subunit beta	0.015 57	PF03911.17	4
364	转运	proton pump – interactor 1 – like	0.000 184	—	18
365	转运	putative phosphatidylglycerol/phosphatidylinositol transfer protein DDB_G0282179	0.017 39	PF02221.16	5
366	转运	ras GTPase – activating protein – binding protein 1	0.001 692	PF02136.21	7
367	转运	ras – related protein RABD2a	0.003 035	PF00071.23	2
368	转运	ras – related protein RABD2c	0.004 266	PF00071.23	4
369	转运	ribonuclease 1	0.000 464	PF00445.19	4
370	转运	sugar transport protein 13	0.001 727	PF00083.25	5
371	转运	transmembrane 9 superfamily member 2	0.006 558	PF02990.17	6
372	转运	transmembrane 9 superfamily member 3	0.007 931	PF02990.17	3
373	转运	trypsin inhibitor 1B	0.003 356	PF00197.19	4

续表

序号	功能分类	蛋白质名称	p 值	注释 ID	数量
374	转运	trypsin inhibitor BvTI	0.002 365	PF00197.19	5
375	转运	vacuolar – sorting receptor 1	0.000 091	PF02225.23	3
376	未知	uncharacterized protein At2g34160	0.002 384	PF01918.22	5
377	未知	uncharacterized protein At4g28440	0.031 88	—	4
378	未知	uncharacterized protein At5g48480	0.049 48	—	8
379	未知	uncharacterized protein At5g49945	0.025 46	PF07946.15	2
380	未知	uncharacterized protein ECU03_1610	0.002 773	—	10
381	未知	uncharacterized protein LOC104885143	0.000 048	PF07712.13	11
382	未知	uncharacterized protein LOC104886611	0.000 738	PF05899.13	7
383	未知	uncharacterized protein LOC104887988	0.000 035	PF08378.12	2
384	未知	uncharacterized protein LOC104888716	0.005 131	PF04146.16	6
385	未知	uncharacterized protein LOC104889503	0.002 725	PF00106.26	3
386	未知	uncharacterized protein LOC104890582	0.010 7	—	2
387	未知	uncharacterized protein LOC104890684	0.000 059	PF04398.13	6
388	未知	uncharacterized protein LOC104890698	0.000 495	PF00909.22	3
389	未知	uncharacterized protein LOC104891412	0.008 005	—	2
390	未知	uncharacterized protein LOC104892960	0.000 137	PF07534.17	9
391	未知	uncharacterized protein LOC104894026	0.001 856	PF00190.23	5
392	未知	uncharacterized protein LOC104894786	0.000 739	PF09459.11	2
393	未知	uncharacterized protein LOC104894805	0.000 047	PF07676.13	6

续表

序号	功能分类	蛋白质名称	p 值	注释 ID	数量
394	未知	uncharacterized protein LOC104894936 isoform X1	0.002 478	PF03069.16	2
395	未知	uncharacterized protein LOC104895310	0.002 827	PF00657.23	12
396	未知	uncharacterized protein LOC104895350 isoform X1	0.000 304	PF01435.19	5
397	未知	uncharacterized protein LOC104896000	0.001 873	—	5
398	未知	uncharacterized protein LOC104896314	0.008 448	PF06880.12	6
399	未知	uncharacterized protein LOC104896703 isoform X1	0.000 997	—	2
400	未知	uncharacterized protein LOC104896793	0.000 451	PF02878.17	23
401	未知	uncharacterized protein LOC104897042	0.000 002	PF14368.7	2
402	未知	uncharacterized protein LOC104897194, partial	0.037 19	—	3
403	未知	uncharacterized protein LOC104897452	0.000 299	PF00923.20	22
404	未知	uncharacterized protein LOC104897720 isoform X1	0.000 014	—	6
405	未知	uncharacterized protein LOC104899990	0.001 162	PF11493.9	7
406	未知	uncharacterized protein LOC104900216	0.000 388	PF00698.22	17
407	未知	uncharacterized protein LOC104900653	0.001 215	PF09731.10	17
408	未知	uncharacterized protein LOC104901308	0.010 73	PF07468.12	17
409	未知	uncharacterized protein LOC104902575	0.006 179	PF01966.23	2
410	未知	uncharacterized protein LOC104903196	0.008 114	PF06364.13	4
411	未知	uncharacterized protein LOC104904598	0.002 899	PF04862.13	7
412	未知	uncharacterized protein LOC104905223	0.044 98	—	2
413	未知	uncharacterized protein LOC104907026	0.048 8	—	6

续表

序号	功能分类	蛋白质名称	p值	注释ID	数量
414	未知	uncharacterized protein LOC104908518	0.001 39	—	3
415	未知	uncharacterized protein LOC104908700	0.000 233	—	6
416	未知	uncharacterized protein LOC104909120	0.020 62	PF00933.22	4

附表 2　不同处理条件下敏感品种叶片差异表达蛋白

序号	功能分类	蛋白质名称	p值	注释ID	数量
A – CK					
1	代谢	embryonic protein DC – 8 isoform X2	0.036 75	PF00462.25	9
2	代谢	glutaredoxin – C5	0.033 42	PF00574.24	9
3	代谢	ATP – dependent Clp protease proteolytic subunit 2	0.037 13	PF02798.21	6
4	蛋白质合成	probable glutathione S – transferase	0.000 172	PF01158.19	6
5	抗逆和防御	60S ribosomal protein L36 – 2	0.034 41	PF00280.19	3
6	其他功能	embryonic protein DC – 8 isoform X2	0.034 86	PF02987.17	2
F – A					
1	代谢	acyl – coenzyme A thioesterase 13	0.035 21	PF03061.23	3

续表

序号	功能分类	蛋白质名称	p 值	注释 ID	数量
2	代谢	caffeoyl – CoA O – methyltransferase	0.033 08	PF01596.18	17
3	代谢	crocetin glucosyltransferase	0.026 28	PF00201.19	2
4	代谢	glutamate decarboxylase	0.025 93	PF00282.20	11
5	代谢	histidinol – phosphate a minotransferase	0.004 332	PF00155.22	5
6	代谢	pentatricopeptide repeat – containing protein At1g05670	0.023 74	PF13041.7	11
7	代谢	phospholipase A1 – IIdelta	0.047 09	PF01764.26	7
8	代谢	sorting nexin 2B	0.033 37	PF09325.11	3
9	代谢	stearoyl – [acyl – carrier – protein]9 – desaturase, chloroplastic	0.007 624	PF03405.15	2
10	代谢	acyl – coenzyme A thioesterase 13	0.037 01	PF02900.19	2
11	代谢	plastid – lipid – associated protein	0.011 44	PF04755.13	9
12	代谢	pyruvate decarboxylase 2	0.016 25	PF02776.19	3
13	代谢	probable glutathione S – transferase	0.018 52	PF02798.21	6
14	信号传导	casein kinase 1 – like protein 2	0.022	PF00069.26	2
15	信号传导	inositol – tetrakisphosphate 1 – kinase 1	0.022 4	PF05770.12	4
16	抗逆和防御	major allergen Pru ar 1	0.005 177	PF00407.20	2
17	抗逆和防御	hypersensitive – induced response protein 1	0.001 868	PF01145.26	5
18	抗逆和防御	phosphoprotein ECPP44	0.004 632	PF00257.20	17
19	未知	uncharacterized protein ECU03_1610	0.028 53	—	11
20	未知	uncharacterized protein LOC104885143	0.035 62	PF07712.13	12
21	未知	uncharacterized protein LOC104895310	0.038 4	PF00657.23	11

续表

序号	功能分类	蛋白质名称	p 值	注释 ID	数量
22	未知	uncharacterized protein LOC104900653	0.000 784	PF09731.10	16
F－CK					
1	细胞壁合成	expansin－like A2	0.013 29	PF01357.22	13
2	代谢	2－alkenal reductase(NADP(+)－dependent)	0.001 269	PF16884.6	13
3	代谢	5－DOPA dioxygenase extradiol	0.000 708	PF02900.19	2
4	代谢	beta－glucosidase 11－like isoform X1	0.045 58	PF00232.19	4
5	代谢	dormancy－associated protein homolog 3 isoform X2	0.000 796	PF05564.13	3
6	代谢	D－tyrosyl－tRNA(Tyr) deacylase	0.012 49	PF02580.17	2
7	代谢	glutamate decarboxylase	0.007 869	PF00282.20	11
8	代谢	heva mine－A	0.012 66	PF00704.29	3
9	代谢	phospholipase A1－IIdelta	0.009 082	PF01764.26	7
10	代谢	protein GOS9	0.033 75	PF01419.18	9
11	代谢	protein IN2－1 homolog B	0.000 423	PF13417.7	13
12	代谢	protein IN2－1 homolog B	0.039 02	PF13417.7	3
13	代谢	shikimate kinase	0.001 103	PF01202.23	2
14	代谢	stearoyl－[acyl－carrier－protein] 9－desaturase, chloroplastic	0.000 362	PF03405.15	2
15	代谢	embryonic protein DC－8 isoform X2	0.018 56	PF02987.17	2
16	信号传导	bifunctional epoxide hydrolase	0.001 118	PF00561.21	2
17	信号传导	casein kinase 1－like protein 2	0.000 388	PF00069.26	2
18	信号传导	inositol－tetrakisphosphate 1－kinase	0.009 917	PF05770.12	4

续表

序号	功能分类	蛋白质名称	注释 ID	p 值	数量
19	信号传导	signal recognition particle receptor subunit beta	PF09439.11	0.000 679	2
20	抗逆和防御	major allergen Pru ar 1	PF00407.20	0.004 439	2
21	抗逆和防御	hypersensitive – induced response protein 1	PF01145.26	0.002 265	5
22	抗逆和防御	phosphoprotein ECPP44	PF00257.20	0.005 127	17
23	抗逆和防御	plastid – lipid – associated protein	PF04755.13	0.012 34	9
24	抗逆和防御	superoxide dismutase	PF02777.19	0.034 71	9
25	转运	dnaJ protein homolog ANJ1	PF01556.19	0.003 574	2
26	转运	sodium/pyruvate cotransporter BASS2	PF01758.17	0.018 29	3
27	转运	sugar transport protein 13	PF00083.25	0.013 41	3
28	转运	two pore calcium channel protein 1A	PF00520.32	0.010 05	6
29	未知	uncharacterized protein ECU03_1610	—	0.017 86	11
30	未知	uncharacterized protein LOC104887015	—	7.40×10^{-5}	2
31	未知	uncharacterized protein LOC104894204	—	0.029 76	2
32	未知	uncharacterized protein LOC104894805	PF07676.13	0.035 85	3
33	未知	uncharacterized protein LOC104900653	PF09731.10	0.004 153	16
R – F					
1	细胞壁合成	cell wall protein RBR3	—	0.001 23	4
2	细胞壁合成	cinnamoyl – CoA reductase 1 isoform X2	PF01370.22	0.043 54	6
3	细胞壁合成	expansin – like A2	PF01357.22	0.018 14	13
4	细胞壁合成	expansin – like B1	PF01357.22	6.30×10^{-5}	4

续表

序号	功能分类	蛋白质名称	p 值	注释 ID	数量
5	细胞壁合成	glycerophosphodiester phosphodiesterase GDPDL3	0.016 63	PF03009.18	11
6	细胞壁合成	major pollen allergen Lol p 11	0.001 519	PF01190.18	4
7	细胞壁合成	polygalacturonase inhibitor	0.005 156	PF13855.7	5
8	细胞壁合成	probable xyloglucan endotransglucosylase/hydrolase protein 23	0.000 785	PF00722.22	6
9	细胞壁合成	probable xyloglucan endotransglucosylase/hydrolase protein 23	0.004 483	PF00722.22	2
10	代谢	12 – oxophytodienoate reductase 2	0.044 68	PF00724.21	12
11	代谢	7 – deoxyloganetin glucosyltransferase	0.014 25	PF00201.19	2
12	代谢	acetylajmalan esterase isoform X1	0.001 732	PF00657.23	2
13	代谢	acidic mammalian chitinase	0.004 124	PF00704.29	11
14	代谢	aldose 1 – epimerase	0.023 49	PF01263.21	9
15	代谢	alpha carbonic anhydrase 7	0.037 67	PF00194.22	3
16	代谢	alpha – glucosidase	0.007 035	PF01055.27	5
17	代谢	benzyl alcohol O – benzoyltransferase	0.001 28	PF02458.16	7
18	代谢	benzyl alcohol O – benzoyltransferase	0.001 874	PF02458.16	12
19	代谢	berberine bridge enzyme – like 8	0.002 378	PF01565.24	11
20	代谢	beta – galactosidase 5	0.005 704	PF01301.20	36
21	代谢	beta – glucosidase 40 isoform X1	0.015 05	PF00232.19	14
22	代谢	crocetin glucosyltransferase	0.015	PF00201.19	2
23	代谢	cytochrome P450 71A1 – like	0.013 61	PF00067.23	2
24	代谢	cytochrome P450 89A2	0.016 92	PF00067.23	7

续表

序号	功能分类	蛋白质名称	p 值	注释 ID	数量
25	代谢	D - glycerate 3 - kinase	0.017 68	—	12
26	代谢	dirigent protein 22	0.020 62	PF03018. 15	2
27	代谢	dirigent protein 22 - like	0.027 77	PF03018. 15	3
28	代谢	endo - 13(4) - beta - glucanase 2	0.008 081	PF17652. 2	12
29	代谢	gamma - glutamyltranspeptidase 3 isoform X1	0.012 04	PF01019. 22	11
30	代谢	GDSL esterase/lipase At1g28610	0.028 1	PF00657. 23	5
31	代谢	GDSL esterase/lipase At5g55050	0.009 48	PF00657. 23	13
32	代谢	glucan endo - 1	0.010 31	PF00332. 19	5
33	代谢	glucan endo - 1	0.021 91	PF00332. 19	14
34	代谢	glucan endo - 1	0.016 77	PF00332. 19	13
35	代谢	limonoid UDP - glucosyltransferase	0.003 96	PF00201. 19	6
36	代谢	mannose/glucose - specific lectin	0.000 472	PF01419. 18	3
37	代谢	mavicyanin	0.028 64	PF02298. 18	2
38	代谢	NAD(P)H	0.005 119	PF03358. 16	6
39	代谢	O - glucosyltransferase rumi homolog	0.025 05	PF05686. 13	2
40	代谢	peptide methionine sulfoxide reductase B1	0.032 91	PF01641. 19	5
41	代谢	peptide - N4 - (N - acetyl - beta - glucosa minyl) asparagine amidase A	0.015 69	PF12222. 9	2
42	代谢	peroxidase 4	0.002 415	PF00141. 24	11
43	代谢	peroxidase 50	0.003 186	PF00141. 24	18
44	代谢	peroxidase P7 - like	0.046 44	PF00141. 24	8

续表

序号	功能分类	蛋白质名称	p 值	注释 ID	数量
45	代谢	probable a minopyrimidine a minohydrolase	0.001 324	PF03070.17	14
46	代谢	probable carotenoid cleavage dioxygenase 4	0.000 605	PF03055.16	9
47	代谢	probable endo－1	0.007 138	PF17652.2	2
48	代谢	probable mannitol dehydrogenase	0.002 935	PF08240.13	4
49	代谢	probable prolyl 4－hydroxylase 4	0.019 58	PF13640.7	3
50	代谢	probable protein phosphatase 2C 9	0.003 084	PF00481.22	3
51	代谢	protein exordium	0.001 049	PF04674.13	5
52	代谢	protein GOS9	0.002 111	PF01419.18	9
53	代谢	protein GOS9	0.012 4	PF01419.18	3
54	代谢	protein NLRC3	0.016 54	PF13516.7	7
55	代谢	protein reduced wall acetylation 2	0.019 67	PF07779.13	3
56	代谢	protein WVD2－like 1 isoform X1	0.002 741	PF06886.12	6
57	代谢	purple acid phosphatase 2	0.009 722	PF00149.29	8
58	代谢	putative uncharacterized protein DDB_G0271606	0.000 227	PF00564.25	3
59	代谢	REF/SRPP－like protein At3g05500	0.001 163	PF05755.13	3
60	代谢	rhomboid－like protein 2	0.003 145	PF01694.23	3
61	代谢	ribulose bisphosphate carboxylase small chain	0.021 99	PF00101.21	2
62	代谢	ribulose bisphosphate carboxylase small chain	0.013 75	PF00101.21	2
63	代谢	ribulose bisphosphate carboxylase small chain 6	0.032 67	PF00101.21	7
64	代谢	ribulose bisphosphate carboxylase/oxygenase activase	0.047 45	PF00004.30	2

续表

序号	功能分类	蛋白质名称	p 值	注释 ID	数量
65	代谢	scopoletin glucosyltransferase	0.005 695	PF00201.19	2
66	代谢	secoisolariciresinol dehydrogenase	0.005 575	PF13561.7	7
67	代谢	ubiquitin – conjugating enzyme E2 28	0.046 08	PF00179.27	3
68	代谢	carbonic anhydrase	0.021 4	PF00484.20	22
69	代谢	carboxylesterase 1	0.016 8	PF07859.14	5
70	代谢	glucan endo – 1	0.003 465	PF00332.19	3
71	代谢	glucan endo – 1	0.003 151	PF00332.19	6
72	代谢	glucan endo – 1	0.002 126	PF00332.19	3
73	代谢	glutathione S – transferase U17	0.013 99	PF02798.21	9
74	代谢	glutathione S – transferase U8	0.011 25	PF02798.21	2
75	代谢	glyceraldehyde – 3 – phosphate dehydrogenase A	0.010 4	PF02800.21	22
76	代谢	glyceraldehyde – 3 – phosphate dehydrogenase B	0.009 578	PF02800.21	25
77	代谢	glyceraldehyde – 3 – phosphate dehydrogenase	0.000 209	PF02800.21	10
78	代谢	polyphenol oxidase	0.025 31	PF12143.9	15
79	代谢	probable glucan 1	0.047 35	PF00150.19	9
80	代谢	probable glutathione S – transferase	0.031 37	PF02798.21	6
81	代谢	ferredoxin – 1	0.007 468	PF00111.28	2
82	其他功能	basic 7S globulin	0.006 424	PF14541.7	18
83	其他功能	basic 7S globulin	0.004 95	PF14541.7	10
84	光合作用	early light – induced protein 2	0.010 1	PF00504.22	3

续表

序号	功能分类	蛋白质名称	p 值	注释 ID	数量
85	光合作用	photosynthetic NDH subunit of subcomplex B 5	0.040 83	—	2
86	蛋白质折叠和降解	polyubiquitin – like	0.006 246	PF00240.24	2
87	蛋白质折叠和降解	E3 ubiquitin – protein ligase AIP2	0.000 434	PF13639.7	3
88	蛋白质折叠和降解	thioredoxin H – type	0.000 876	PF00085.21	4
89	蛋白质合成	protein disulfide – isomerase	0.015 65	PF00085.21	29
90	蛋白质合成	protein NBR1 homolog	0.002 791	PF16158.6	4
91	蛋白质合成	ribosome – inactivating protein cucurmosin isoform X2	0.034 55	PF00161.20	13
92	蛋白质合成	ribosome – inactivating protein PD – L1/PD – L2	0.006 217	PF00161.20	7
93	蛋白质合成	ribosome – inactivating protein PD – L3/PD – L4	0.009 947	PF00161.20	4
94	信号传导	abscisic stress – ripening protein 1	0.003 067	PF02496.17	2
95	信号传导	annexin – like protein RJ4	0.002 003	PF00191.21	5
96	信号传导	auxin – binding protein ABP19a	0.000 231	PF00190.23	2
97	信号传导	auxin – binding protein ABP19a	0.037 8	PF00190.23	2
98	信号传导	auxin – binding protein ABP19a – like	0.008 381	PF00190.23	4
99	信号传导	auxin – binding protein ABP19b	0.040 17	PF00190.23	3
100	信号传导	auxin – binding protein ABP19b	0.033 91	PF00190.23	2
101	信号传导	auxin – binding protein ABP19b – like	0.007 145	PF00190.23	5

续表

序号	功能分类	蛋白质名称	p值	注释 ID	数量
102	信号传导	auxin – repressed 12.5 kDa protein isoform X1	0.015 68	PF05564.13	2
103	信号传导	brassinosteroid insensitive 1 – associated receptor kinase 1	0.001 269	PF08263.13	2
104	信号传导	casein kinase 1 – like protein 2	0.020 42	PF00069.26	2
105	信号传导	casein kinase 1 – like protein 2	0.003 401	PF00069.26	2
106	信号传导	chitotriosidase – 1	0.015 89	PF00704.29	9
107	信号传导	chorismate mutase 2	0.021 49	—	11
108	信号传导	epidermis – specific secreted glycoprotein EP1 – like	0.019 25	PF01453.25	16
109	信号传导	external alternative NAD(P)H – ubiquinone oxidoreductase B2	0.011 03	PF07992.15	13
110	信号传导	gibberellin – regulated protein 1	0.000 507	PF02704.15	2
111	信号传导	gibberellin – regulated protein 13 isoform X1	0.009 929	PF02704.15	2
112	信号传导	glu S. griseus protease inhibitor	0.009 355	PF00280.19	3
113	信号传导	low quality protein	0.023 01	PF04258.14	4
114	信号传导	miraculin	0.006 262	PF00197.19	7
115	信号传导	reticulon – like protein B2	0.005 311	PF02453.18	5
116	信号传导	tropinone reductase homolog A2g29290 – like isoform X1	0.001 103	PF13561.7	3
117	抗逆和防御	chitinase 2	0.004 325	PF00704.29	9
118	抗逆和防御	cysteine – rich repeat secretory protein 38	0.002 555	PF01657.18	10
119	抗逆和防御	cysteine – rich repeat secretory protein 55	0.015 09	PF01657.18	6
120	抗逆和防御	cysteine – rich repeat secretory protein 55	0.000 164	PF01657.18	3
121	抗逆和防御	desiccation protectant protein Lea14 homolog	0.021 96	PF03168.14	9

续表

序号	功能分类	蛋白质名称	p 值	注释 ID	数量
122	抗逆和防御	endochitinase EP3	0.001 503	PF00182.20	2
123	抗逆和防御	endochitinase EP3	0.009 12	PF00182.20	9
124	抗逆和防御	ger min – like protein	0.033 79	PF00190.23	4
125	抗逆和防御	ger min – like protein	0.020 29	PF00190.23	4
126	抗逆和防御	heat shock protein 83	0.021 87	PF00183.19	2
127	抗逆和防御	heavy metal – associated isoprenylated plant protein 6	0.008 182	PF00403.27	4
128	抗逆和防御	jasmonate – induced protein homolog	0.024 95	—	7
129	抗逆和防御	jasmonate – induced protein homolog	0.000 198	—	5
130	抗逆和防御	major allergen Mal d 1	0.007 413	PF00407.20	2
131	抗逆和防御	major allergen Pru ar 1	0.039 58	PF00407.20	2
132	抗逆和防御	pathogen – related protein	0.035 39	—	5
133	抗逆和防御	peamaclein	0.000 628	PF02704.15	5
134	抗逆和防御	peroxidase P7	0.006 462	PF00141.24	11
135	抗逆和防御	peroxidase P7	0.008 207	PF00141.24	6
136	抗逆和防御	temperature – induced lipocalin – 1	0.020 83	PF08212.13	10
137	抗逆和防御	tetraspanin – 8	0.003 193	PF00335.21	5
138	抗逆和防御	thaumatin – like protein 1	0.010 89	PF00314.18	8
139	抗逆和防御	UBP1 – associated proteins 1C	0.006 837	PF08790.12	3
140	抗逆和防御	acidic endochitinase SE2	0.004 877	PF00704.29	5
141	抗逆和防御	antiviral protein I	0.000 58	PF00161.20	2

续表

序号	功能分类	蛋白质名称	p 值	注释 ID	数量
142	抗逆和防御	cationic peroxidase 1	0.014 17	PF00141.24	3
143	抗逆和防御	cationic peroxidase 1 – like	0.002 65	PF00141.24	6
144	抗逆和防御	NDR1/HIN1 – Like protein 3	0.002 232	PF03168.14	3
145	抗逆和防御	plant UBX domain – containing protein 2	0.000 707	PF09409.11	2
146	抗逆和防御	probable glutathione S – transferase	0.000 449	PF02798.21	2
147	抗逆和防御	probable glutathione S – transferase parC	0.048 29	PF02798.21	4
148	抗逆和防御	probable leucine – rich repeat receptor – like protein kinase At1g35710	0.006 473	PF13855.7	13
149	抗逆和防御	probable nucleoredoxin 1	0.014 59	PF13905.7	6
150	抗逆和防御	probable nucleoredoxin 1	0.039 03	PF13905.7	5
151	抗逆和防御	protein early – responsive to dehydration 7	0.010 39	PF06911.13	3
152	抗逆和防御	protein IN2 – 1 homolog B	0.026 59	PF13417.7	3
153	抗逆和防御	putative ripening – related protein 1	0.017 78	—	5
154	抗逆和防御	small heat shock protein	0.049 61	PF00011.22	2
155	转录	basic blue protein	0.039 79	PF02298.18	3
156	转运	GEM – like protein 5	0.001 854	PF02893.21	8
157	转运	protein translation factor SUI1 homolog	0.029 72	PF01253.23	2
158	转运	bet1 – like protein At4g14600	0.000 336	—	2
159	转运	methionine gamma – lyase	0.020 2	PF01053.21	7
160	转运	mitochondrial import receptor subunit TOM9 – 2	0.031 88	PF04281.14	2
161	转运	probable inorganic phosphate transporter 1 – 4	0.011 23	PF00083.25	2

续表

序号	功能分类	蛋白质名称	p 值	注释 ID	数量
162	转运	probable manganese – transporting ATPase PDR2	0.025 11	PF00122.21	2
163	转运	protein NRT1/ PTR FAMILY 8.1	0.000 174	PF00854.22	2
164	转运	protein transport protein Sec61 subunit beta	0.004 978	PF03911.17	4
165	转运	SNAP25 homologous protein SNAP33 isoform X1	0.000 32	—	4
166	转运	sorting nexin 2B	0.004 276	PF09325.11	3
167	转运	sugar transport protein 13	0.000 477	PF00083.25	3
168	转运	triose phosphate/phosphate translocator	0.032 34	PF03151.17	2
169	转运	trypsin inhibitor 1B	0.000 999	PF00197.19	2
170	转运	trypsin inhibitor BvTI	0.000 996	PF00197.19	7
171	未知	uncharacterized protein LOC104883949 isoform X1	0.036 23	PF03398.15	4
172	未知	uncharacterized protein LOC104885143	0.000 369	PF07712.13	12
173	未知	uncharacterized protein LOC104887015	0.011 83	—	2
174	未知	uncharacterized protein LOC104888335	0.044 79	PF00004.30	4
175	未知	uncharacterized protein LOC104890230	0.033 21	—	2
176	未知	uncharacterized protein LOC104890684	0.046 02	PF04398.13	3
177	未知	uncharacterized protein LOC104890698	0.005 645	PF00909.22	8
178	未知	uncharacterized protein LOC104891746 isoform X2	0.005 279	PF01025.20	8
179	未知	uncharacterized protein LOC104894111	0.032 33	PF06549.13	2
180	未知	uncharacterized protein LOC104894204	0.000 68	—	2
181	未知	uncharacterized protein LOC104895310	0.018 34	PF00657.23	11

续表

序号	功能分类	蛋白质名称	注释ID	p值	数量
182	未知	uncharacterized protein LOC104895343	PF01165.21	0.007 999	3
183	未知	uncharacterized protein LOC104896314	PF06880.12	0.001 513	8
184	未知	uncharacterized protein LOC104900216	PF00698.22	0.004 805	17
185	未知	uncharacterized protein LOC104902040	—	0.009 638	3
186	未知	uncharacterized protein LOC104904598	PF04862.13	0.000 299	6
187	未知	uncharacterized protein LOC104905743 isoform X1	PF02018.18	0.018 02	8
188	未知	upstream activation factor subunit spp27	PF02201.19	0.029 42	5
189	未知	sucrose transport protein	PF13347.7	0.001 898	8
R－CK					
1	细胞壁合成	cell wall/vacuolar inhibitor of fructosidase 1	PF04043.16	0.008 124	3
2	细胞壁合成	endo－13(4)－beta－glucanase 2	PF17652.2	0.000 365	12
3	细胞壁合成	expansin－like A2	PF01357.22	0.003 488	13
4	细胞壁合成	expansin－like B1	PF01357.22	2.60×10^{-5}	4
5	细胞壁合成	fasciclin－like arabinogalactan protein 13	PF02469.23	0.010 71	4
6	细胞壁合成	glycerophosphodiester phosphodiesterase GDPDL3	PF03009.18	0.004 922	11
7	细胞壁合成	glycine－rich cell wall structural protein	—	0.034 04	7
8	细胞壁合成	glycine－rich cell wall structural protein 1	—	0.032 31	2
9	细胞壁合成	major pollen allergen Lol p 11	PF01190.18	0.002 565	4
10	细胞壁合成	probable xyloglucan endotransglucosylase/hydrolase protein 23	PF00722.22	0.000 229	6
11	细胞壁合成	probable xyloglucan endotransglucosylase/hydrolase protein 23	PF00722.22	0.000 609	2

续表

序号	功能分类	蛋白质名称	p 值	注释 ID	数量
12	代谢	12 - oxophytodienoate reductase 2	0.037 68	PF00724.21	12
13	代谢	5 - DOPA dioxygenase extradiol	0.019 95	PF02900.19	2
14	代谢	7 - deoxyloganetin glucosyltransferase	0.010 66	PF00201.19	2
15	代谢	acetylajmalan esterase isoform X1	0.001 36	PF00657.23	2
16	代谢	albu min - 2	0.006 291	PF00045.20	3
17	代谢	aldose 1 - epimerase	0.006 583	PF01263.21	9
18	代谢	allene oxide synthase - like	0.010 92	PF00067.23	34
19	代谢	alpha carbonic anhydrase 1	0.001 84	PF00194.22	3
20	代谢	alpha carbonic anhydrase 7	0.000 568	PF00194.22	3
21	代谢	alpha - glucosidase	0.006 98	PF01055.27	5
22	代谢	anthocyanidin 3 - O - glucosyltransferase 2	0.002 276	PF00201.19	14
23	代谢	aspartic proteinase - like protein 2	0.007 388	PF14543.7	4
24	代谢	benzyl alcohol O - benzoyltransferase	0.000 462	PF02458.16	7
25	代谢	berberine bridge enzyme - like 4	0.003 445	PF01565.24	3
26	代谢	berberine bridge enzyme - like 8	0.000 73	PF01565.24	11
27	代谢	beta - galactosidase 5	0.002 473	PF01301.20	36
28	代谢	beta - glucosidase 11 - like isoform X1	0.005 146	PF00232.19	4
29	代谢	beta - glucosidase 40 isoform X1	0.002 638	PF00232.19	14
30	代谢	caffeoyl - CoA O - methyltransferase	0.044 34	PF01596.18	17
31	代谢	cytochrome P450 71A1 - like	0.006 295	PF00067.23	2

续表

序号	功能分类	蛋白质名称	p 值	注释 ID	数量
32	代谢	cytochrome P450 71A1 – like	0.017 41	PF00067.23	8
33	代谢	cytochrome P450 89A2	0.003 125	PF00067.23	7
34	代谢	dirigent protein 22	0.002 784	PF03018.15	2
35	代谢	dirigent protein 22 – like	0.046 86	PF03018.15	3
36	代谢	GDSL esterase/lipase APG	0.000 515	PF00657.23	11
37	代谢	glu S. griseus protease inhibitor	0.006 266	PF00280.19	3
38	代谢	glucan endo – 1	0.004 414	PF00332.19	5
39	代谢	glucan endo – 1	0.010 86	PF00332.19	14
40	代谢	glucan endo – 1	0.017 41	PF00332.19	13
41	代谢	heva mine – A	0.003 108	PF00704.29	3
42	代谢	limonoid UDP – glucosyltransferase	0.001 37	PF00201.19	6
43	代谢	mannan endo – 1	0.001 361	PF00150.19	7
44	代谢	mannose/glucose – specific lectin	1.00×10^{-6}	PF01419.18	3
45	代谢	NAD(P)H	0.003 149	PF03358.16	6
46	代谢	O – glucosyltransferase rumi homolog	0.012 16	PF05686.13	2
47	代谢	outer envelope pore protein 24A	0.016 22	—	3
48	代谢	peptide methionine sulfoxide reductase B1	0.040 29	PF01641.19	5
49	代谢	peptide – N4 – (N – acetyl – beta – glucosa minyl) asparagine amidase A	0.031 91	PF12222.9	2
50	代谢	PI – PLC X domain – containing protein At5g67130	0.004 715	—	8
51	代谢	plant UBX domain – containing protein 2	0.008 135	PF09409.11	2

续表

序号	功能分类	蛋白质名称	p 值	注释 ID	数量
52	代谢	probable a minopyrimidine a minohydrolase	0.000 667	PF03070.17	14
53	代谢	probable carboxylesterase 17	0.030 5	PF07859.14	6
54	代谢	probable endo - 1	0.029 04	PF17652.2	2
55	代谢	probable fructokinase - 7	0.008 082	PF00294.25	7
56	代谢	probable inactive purple acid phosphatase 27	0.016	PF17808.2	17
57	代谢	probable mannitol dehydrogenase	0.000 884	PF08240.13	4
58	代谢	probable prolyl 4 - hydroxylase 4	0.012 65	PF13640.7	3
59	代谢	probable protein phosphatase 2C 9	0.000 443	PF00481.22	3
60	代谢	protein exordium	0.000 209	PF04674.13	5
61	代谢	protein exordium - like 2	0.002 749	PF04674.13	3
62	代谢	protein exordium - like 3	0.001 211	PF04674.13	3
63	代谢	protein GOS9	0.000 224	PF01419.18	9
64	代谢	protein GOS9	0.001 373	PF01419.18	3
65	代谢	protein GOS9	0.001 11	PF01419.18	9
66	代谢	protein IN2 - 1 homolog B	0.013 42	PF13417.7	3
67	代谢	protein TSS	0.001 481	PF13424.7	12
68	代谢	purple acid phosphatase 2	0.004 563	PF00149.29	8
69	代谢	pyruvate kinase 1	0.037 89	PF00224.22	30
70	代谢	quinone oxidoreductase - like protein 2 homolog	0.000 33	PF00107.27	7
71	代谢	red chlorophyll catabolite reductase	0.000 731	PF06405.12	9

续表

序号	功能分类	蛋白质名称	注释 ID	p 值	数量
72	代谢	REF/SRPP – like protein At3g05500	PF05755.13	0.000 37	3
73	代谢	rhomboid – like protein 2	PF01694.23	0.000 791	3
74	代谢	shikimate kinase	PF01202.23	0.000 652	2
75	代谢	stomatin – like protein 2	PF01145.26	0.018 19	2
76	代谢	subtilisin – like protease SBT1.6	PF00082.23	0.003 866	16
77	代谢	thia mine thiazole synthase	PF01946.18	8.00×10^{-5}	15
78	代谢	transmembrane 9 superfamily member 7	PF02990.17	0.001 988	2
79	代谢	carboxylesterase 1	PF07859.14	0.012 37	5
80	代谢	chalcone synthase	PF00195.20	0.000 102	10
81	代谢	crocetin glucosyltransferase	PF00201.19	0.001 709	2
82	代谢	cytochrome c biogenesis protein CCS1	PF05140.15	0.002 301	4
83	代谢	ferredoxin – 1	PF00111.28	0.029 77	2
84	代谢	gamma – glutamyltranspeptidase 3 isoform X1	PF01019.22	0.007 381	11
85	代谢	GDSL esterase/lipase At1g28610	PF00657.23	0.003 412	5
86	代谢	GDSL esterase/lipase At5g55050	PF00657.23	0.000 328	13
87	代谢	GEM – like protein 5	PF02893.21	0.000 892	8
88	代谢	glucan endo – 1	PF00332.19	0.000 339	3
89	代谢	glucan endo – 1	PF00332.19	7.90×10^{-5}	6
90	代谢	glucan endo – 1	PF00332.19	0.000 137	3
91	代谢	polyphenol oxidase	PF12143.9	0.010 73	15

续表

序号	功能分类	蛋白质名称	p 值	注释 ID	数量
92	代谢	scopoletin glucosyltransferase	0.001 835	PF00201.19	2
93	代谢	scopoletin glucosyltransferase	0.015 06	PF00201.19	2
94	代谢	tyrosine decarboxylase 1 isoform X1	0.040 23	PF00282.20	8
95	代谢	protein NRT1/PTR FAMILY 1.2	0.000 602	PF00854.22	6
96	其他功能	acidic mammalian chitinase	0.004 643	PF00704.29	11
97	其他功能	basic 7S globulin	0.013 59	PF14541.7	18
98	其他功能	basic 7S globulin	0.019 27	PF14541.7	10
99	其他功能	dormancy – associated protein homolog 3 isoform X2	0.004 362	PF05564.13	3
100	其他功能	EG45 – like domain containing protein 2	0.025 29	PF03330.19	4
101	其他功能	embryonic protein DC – 8 isoform X2	0.016 72	PF02987.17	2
102	其他功能	light – regulated protein	0.020 66	PF07207.12	2
103	其他功能	protein GPR107	0.014 13	PF06814.14	2
104	其他功能	putative ripening – related protein 1	0.029 92	—	5
105	其他功能	trafficking protein particle complex subunit 2 – like protein	0.039 91	PF04628.14	2
106	光合作用	early light – induced protein 2	0.001 24	PF00504.22	3
107	蛋白质折叠和降解	polyubiquitin – like	0.000 146	PF00240.24	2
108	蛋白质折叠和降解	E3 ubiquitin – protein ligase AIP2	0.000 127	PF13639.7	3

续表

序号	功能分类	蛋白质名称	p 值	注释 ID	数量
109	蛋白质折叠和降解	thioredoxin H – type	3.40×10^{-5}	PF00085.21	4
110	蛋白质合成	30S ribosomal protein S20	0.005 778	PF01649.19	3
111	蛋白质合成	eukaryotic translation initiation factor	0.036 94	PF01652.19	4
112	蛋白质合成	protein NBR1 homolog	0.000 123	PF16158.6	4
113	蛋白质合成	ribosome – inactivating protein PD – L1/PD – L2	0.007 611	PF00161.20	7
114	蛋白质合成	ribosome – inactivating protein PD – L3/PD – L4	0.000 376	PF00161.20	4
115	蛋白质合成	ribosome – inactivating protein PD – L3/PD – L4	0.000 974	PF00161.20	2
116	信号传导	annexin D5	0.000 273	PF00191.21	4
117	信号传导	annexin – like protein RJ4	6.00×10^{-5}	PF00191.21	5
118	信号传导	annexin – like protein RJ4	0.043 03	PF00191.21	16
119	信号传导	auxin – binding protein ABP19a	5.00×10^{-6}	PF00190.23	2
120	信号传导	auxin – binding protein ABP19a	0.005 412	PF00190.23	2
121	信号传导	auxin – binding protein ABP19a	0.000 453	PF00190.23	4
122	信号传导	auxin – binding protein ABP19a – like	0.000 674	PF00190.23	4
123	信号传导	auxin – binding protein ABP19b	0.016 07	PF00190.23	3
124	信号传导	auxin – binding protein ABP19b	0.020 11	PF00190.23	2
125	信号传导	auxin – binding protein ABP19b – like	0.001 512	PF00190.23	5
126	信号传导	auxin – repressed 12.5 kDa protein isoform X1	0.000 76	PF05564.13	2
127	信号传导	chitotriosidase – 1	0.000 27	PF00704.29	9

续表

序号	功能分类	蛋白质名称	p 值	注释 ID	数量
128	信号传导	chorismate mutase 2	0.006 974	—	11
129	信号传导	epidermis – specific secreted glycoprotein EP1 – like	0.030 79	PF01453.25	16
130	信号传导	external alternative NAD(P)H – ubiquinone oxidoreductase B2	0.001 937	PF07992.15	13
131	信号传导	gibberellin – regulated protein 1	0.000 404	PF02704.15	2
132	信号传导	gibberellin – regulated protein 13 isoform X1	0.000 738	PF02704.15	2
133	信号传导	gibberellin – regulated protein 6	0.003 691	PF02704.15	6
134	信号传导	inositol – tetrakisphosphate 1 – kinase 1	0.020 27	PF05770.12	4
135	信号传导	low quality protein	0.034 18	PF04258.14	4
136	信号传导	miraculin	0.000 561	PF00197.19	7
137	信号传导	probable LRR receptor – like serine/threonine – protein kinase At1g14390	0.003 584	PF00069.26	9
138	信号传导	pyruvate kinase	0.025 66	PF00224.22	23
139	信号传导	reticulon – like protein B2	0.002 39	PF02453.18	5
140	信号传导	tropinone reductase homolog At2g29290 – like isoform X1	0.000 142	PF13561.7	3
141	抗逆和防御	brassinosteroid insensitive1 – associated receptor kinase 1	0.000 435	PF08263.13	2
142	抗逆和防御	BURP domain protein RD22 – like	0.004 409	PF03181.16	12
143	抗逆和防御	caffeic acid 3 – O – methyltransferase	0.023 52	PF00891.19	5
144	抗逆和防御	cationic peroxidase 1 – like	0.001 829	PF00141.24	6
145	抗逆和防御	chitinase 2	0.000 915	PF00704.29	9
146	抗逆和防御	cinnamoyl – CoA reductase 1 isoform X2	0.027 36	PF01370.22	6
147	抗逆和防御	cryptochrome – 1	0.002 52	PF03441.15	3

续表

序号	功能分类	蛋白质名称	p 值	注释 ID	数量
148	抗逆和防御	cysteine – rich repeat secretory protein 38	0.000 652	PF01657.18	10
149	抗逆和防御	cysteine – rich repeat secretory protein 55	0.001 717	PF01657.18	6
150	抗逆和防御	cysteine – rich repeat secretory protein 55	4.20×10^{-5}	PF01657.18	3
151	抗逆和防御	desiccation protectant protein Lea14 homolog	0.000 589	PF03168.14	9
152	抗逆和防御	endochitinase EP3	0.000 165	PF00182.20	2
153	抗逆和防御	endochitinase EP3	0.004 056	PF00182.20	9
154	抗逆和防御	ger min – like protein	0.009 272	PF00190.23	4
155	抗逆和防御	ger min – like protein	0.013 24	PF00190.23	4
156	抗逆和防御	glutathione S – transferase	0.027 89	PF02798.21	3
157	抗逆和防御	glutathione S – transferase	0.031 15	PF02798.21	7
158	抗逆和防御	glutathione S – transferase U17	0.005 662	PF02798.21	9
159	抗逆和防御	glutathione S – transferase U8	0.003 649	PF02798.21	2
160	抗逆和防御	heat shock protein 83	0.009 901	PF00183.19	2
161	抗逆和防御	heavy metal – associated isoprenylated plant protein 6	0.006 031	PF00403.27	4
162	抗逆和防御	jasmonate – induced protein homolog	0.000 861	—	7
163	抗逆和防御	jasmonate – induced protein homolog	0.002 348	—	2
164	抗逆和防御	major allergen Mal d 1	0.002 705	PF00407.20	2
165	抗逆和防御	major allergen Pru ar 1	0.004 876	PF00407.20	2
166	抗逆和防御	pathogen – related protein	0.017 74	—	5
167	抗逆和防御	peamaclein	0.003 261	PF02704.15	5

续表

序号	功能分类	蛋白质名称	p 值	注释 ID	数量
168	抗逆和防御	peroxidase 4	0.008 117	PF00141.24	13
169	抗逆和防御	peroxidase 4	0.021 02	PF00141.24	6
170	抗逆和防御	peroxidase 50	0.002 439	PF00141.24	18
171	抗逆和防御	peroxidase P7	0.003 303	PF00141.24	11
172	抗逆和防御	peroxidase P7	0.001 835	PF00141.24	6
173	抗逆和防御	protein argonaute 2	0.031 84	PF02171.18	3
174	抗逆和防御	protein argonaute 5	0.003 29	PF02171.18	13
175	抗逆和防御	protein early – responsive to dehydration 7	0.004 925	PF06911.13	3
176	抗逆和防御	protein early – responsive to dehydration 7	0.000 416	PF06911.13	2
177	抗逆和防御	protein SRC2	0.000 56	PF00168.31	3
178	抗逆和防御	secoisolariciresinol dehydrogenase	0.000 607	PF13561.7	7
179	抗逆和防御	signal recognition particle receptor subunit alpha	0.017 47	PF04086.14	4
180	抗逆和防御	SNAP25 homologous protein SNAP33 isoform X1	1.00×10^{-5}	—	4
181	抗逆和防御	temperature – induced lipocalin – 1	0.006 351	PF08212.13	10
182	抗逆和防御	tetraspanin – 8	0.001 216	PF00335.21	5
183	抗逆和防御	thaumatin – like protein 1	0.000 315	PF00314.18	8
184	抗逆和防御	thaumatin – like protein 1b	0.006 316	PF00314.18	4
185	抗逆和防御	triose phosphate/phosphate translocator	0.022 64	PF03151.17	2
186	抗逆和防御	abscisic stress – ripening protein 1	6.60×10^{-5}	PF02496.17	2
187	抗逆和防御	acetylornithine a minotransferase	0.041 78	PF00202.22	16

续表

序号	功能分类	蛋白质名称	p 值	注释 ID	数量
188	抗逆和防御	acidic endochitinase SE2	2.30×10^{-5}	PF00704.29	5
189	抗逆和防御	acidic endochitinase SP2	0.034 02	PF00182.20	7
190	抗逆和防御	aldo – keto reductase family 4 member C9	0.001 797	PF00248.22	5
191	抗逆和防御	antiviral protein alpha – like	0.015 33	PF00161.20	2
192	抗逆和防御	antiviral protein I	0.000 175	PF00161.20	2
193	抗逆和防御	antiviral protein MAP	0.016 71	PF00161.20	7
194	抗逆和防御	aspartic proteinase CDR1 – like	0.007	PF14543.7	2
195	抗逆和防御	cationic peroxidase 1	0.002 843	PF00141.24	3
196	抗逆和防御	dnaJ protein homolog ANJ1	0.014 52	PF01556.19	2
197	抗逆和防御	endochitinase EP3	0.005 155	PF00182.20	5
198	抗逆和防御	glyceraldehyde – 3 – phosphate dehydrogenase	1.30×10^{-5}	PF02800.21	10
199	抗逆和防御	heat shock 70 kDa protein – like	0.046 8	PF00012.21	3
200	抗逆和防御	hypersensitive – induced response protein 1	0.000 711	PF01145.26	5
201	抗逆和防御	jasmonate – induced protein homolog	0.001 846	—	4
202	抗逆和防御	NDR1/HIN1 – Like protein 3	0.000 234	PF03168.14	3
203	抗逆和防御	nodulin – related protein 1	0.002 313	—	4
204	抗逆和防御	phosphoprotein ECPP44	0.000 691	PF00257.20	17
205	抗逆和防御	polygalacturonase inhibitor	0.000 83	PF13855.7	5
206	抗逆和防御	polygalacturonase inhibitor 1	0.046 43	PF12799.8	2
207	抗逆和防御	probable aldo – keto reductase 2	0.022 3	PF00248.22	12

续表

序号	功能和分类	蛋白质名称	p 值	注释 ID	数量
208	抗逆和防御	probable glutathione S – transferase	0.028 87	PF02798.21	2
209	抗逆和防御	probable glutathione S – transferase	0.006 639	PF02798.21	6
210	抗逆和防御	probable glutathione S – transferase parC	0.013 31	PF02798.21	6
211	抗逆和防御	probable glutathione S – transferase parC	0.011 08	PF02798.21	4
212	抗逆和防御	probable leucine – rich repeat receptor – like protein kinase At1g35710	0.004 162	PF13855.7	13
213	抗逆和防御	probable nucleoredoxin 1	0.001 227	PF13905.7	6
214	抗逆和防御	probable nucleoredoxin 1	0.007 308	PF13905.7	5
215	抗逆和防御	small heat shock protein	0.044 12	PF00011.22	2
216	抗逆和防御	thaumatin – like protein 1	0.009 726	PF00314.18	5
217	转录	basic blue protein	0.044 07	PF02298.18	4
218	转录	basic blue protein	0.013 33	PF02298.18	6
219	转录	lu minal – binding protein	0.012 28	PF00012.21	26
220	转录	pentatricopeptide repeat – containing protein At1g05670	0.045 59	PF13041.7	11
221	转录	rho – N domain – containing protein 1	0.008 082	PF07498.13	7
222	转运	protein translation factor SUI1 homolog	0.014 57	PF01253.23	2
223	转运	ABC transporter G family member 36	0.007 062	PF01061.25	2
224	转运	acid phosphatase 1 – like	0.001 205	PF03767.15	5
225	转运	aquaporin PIP2 – 1	0.001 855	PF00230.21	7
226	转运	bet1 – like protein At4g14600	0.000 749	—	2
227	转运	enolase 1	0.022 86	PF00113.23	12

续表

序号	功能分类	蛋白质名称	p 值	注释 ID	数量
228	转运	late embryogenesis abundant protein Dc3	0.000 405	PF02987.17	5
229	转运	methionine gamma – lyase	0.006 505	PF01053.21	7
230	转运	mitochondrial outer membrane protein porin 2	0.019 06	PF01459.23	14
231	转运	mitochondrial outer membrane protein porin of 34 kDa	0.038 65	PF01459.23	11
232	转运	mitochondrial outer membrane protein porin of 36 kDa	0.025 02	PF01459.23	12
233	转运	PRA1 family protein B4	0.021 86	PF03208.20	2
234	转运	probable inorganic phosphate transporter 1 – 4	0.006 386	PF00083.25	2
235	转运	protein NRT1/PTR family 8.1	5.40×10^{-5}	PF00854.22	2
236	转运	protein transport protein Sec61 subunit alpha	0.028 68	PF00344.21	10
237	转运	protein transport protein Sec61 subunit beta	0.008 129	PF03911.17	4
238	转运	ras – related protein RABH1e	4.10×10^{-5}	PF00071.23	2
239	转运	sterol 3 – beta – glucosyltransferase UGT80A2	6.20×10^{-5}	PF03033.21	4
240	转运	sugar transport protein 13	3.00×10^{-5}	PF00083.25	3
241	转运	trypsin inhibitor 1B	0.000 846	PF00197.19	2
242	转运	trypsin inhibitor BvTI	0.000 31	PF00197.19	7
243	转运	UBP1 – associated proteins 1C	0.002 332	PF08790.12	3
244	未知	uncharacterized protein LOC104883339	0.000 366	—	8
245	未知	uncharacterized protein LOC104883949 isoform X1	0.028 33	PF03398.15	4
246	未知	uncharacterized protein LOC104885143	3.80×10^{-5}	PF07712.13	12
247	未知	uncharacterized protein LOC104888716	0.002 515	PF04146.16	6

续表

序号	功能分类	蛋白质名称	p 值	注释 ID	数量
248	未知	uncharacterized protein LOC104890135	0.003 854	—	3
249	未知	uncharacterized protein LOC104890684	0.027 57	PF04398. 13	3
250	未知	uncharacterized protein LOC104890698	0.001 243	PF00909. 22	8
251	未知	uncharacterized protein LOC104891771	0.046 46	PF00092. 29	23
252	未知	uncharacterized protein LOC104892303	0.002 069	PF00575. 24	7
253	未知	uncharacterized protein LOC104892771	0.005 48	—	4
254	未知	uncharacterized protein LOC104894204	2.00×10^{-6}	—	2
255	未知	uncharacterized protein LOC104894786	0.017 38	PF09459. 11	2
256	未知	uncharacterized protein LOC104894805	0.029 07	PF07676. 13	3
257	未知	uncharacterized protein LOC104895310	0.001 459	PF00657. 23	11
258	未知	uncharacterized protein LOC104895343	0.007 748	PF01165. 21	3
259	未知	uncharacterized protein LOC104896314	0.000 115	PF06880. 12	8
260	未知	uncharacterized protein LOC104897042	0.001 227	PF14368. 7	2
261	未知	uncharacterized protein LOC104897452	0.010 92	PF00923. 20	19
262	未知	uncharacterized protein LOC104900216	0.002 384	PF00698. 22	17
263	未知	uncharacterized protein LOC104900653	0.000 47	PF09731. 10	16
264	未知	uncharacterized protein LOC104902040	0.013 4	—	3
265	未知	uncharacterized protein LOC104904469	0.038 04	PF02298. 18	3
266	未知	uncharacterized protein LOC104904598	0.001 256	PF04862. 13	6
267	未知	uncharacterized protein LOC104905743 isoform X1	0.015 34	PF02018. 18	8

续表

序号	功能分类	蛋白质名称	p 值	注释 ID	数量
268	未知	uncharacterized protein LOC104906257	0.001 089	—	3
269	未知	uncharacterized protein LOC104907729	0.020 74	PF00085.21	6
270	未知	uncharacterized protein LOC104908700	0.009 027	—	5
271	未知	uncharacterized protein LOC109134980	0.000 169	—	4
272	未知	uncharacterized protein ycf23	0.000 71	PF04481.13	8